Psychology and Microbehavior

王小军　魏冰冰　/著

心理学与微行为

破解微行为　掌握行为密码　利用微行为　读懂身边人
掌握微行为　提高沟通效率

中国法制出版社
CHINA LEGAL PUBLISHING HOUSE

前　言

你是否知道人类每分钟要眨多少次眼睛？眨眼的频率过高或者过低又意味着什么？

当一位漂亮的女士把手放在颈窝里，在被她的妩媚吸引的同时，你是否能读懂这个微妙动作背后的深意？

当你对面的谈话对象头部微微倾斜的时候，他/她的心里在想什么？

如果一个人惊讶得合不拢嘴，注意，是半天都没合上，他是真的受惊了，还是故作吃惊状？

以上种种细微的表情和动作就是我们所说的“微行为”。相比谎话连篇的口头语言，微行为为我们提供了洞察一个人内心真实想法、态度和情绪的宝贵线索。下意识的表情和动作是无法伪装和掩饰的，它们会在不经意间泄露“天机”。如果你正在为人际关系而苦恼，因会错意而陷入尴尬的境地，得不到他人的认可和接纳，不妨学习一下《心理学与微行为》。微行为心理知识为我们的人际交往打开了一扇奇妙的窗户，透过这扇窗户，我们可以清楚地看到他人的内心世界，让我们在与人互动时占据先机，从而无往不利。

如果进一步拓宽我们的视野，可以帮助我们了解他人心理的微行为无处不在。从上网聊天的语言风格到刷牙洗澡的生活习惯，从一个人打领带的方式到讲电话时的信手涂鸦，都在向我们传递当事人的个性信息。为什么很多人喜欢戴墨镜？为什么人们喜欢坐靠窗的位置？你是否留意过自己敲门的节奏和力度？这些司空见惯的行为背后，其实都蕴藏着丰富的心理信息，只要用心观察，一定会有意想不到的收获。

目　录

第三章 “有鼻子有眼”的心理故事

第四章 “头头是道”的心理解读

第五章 让微妙的心思“露一手”

第一章

身体语言——谎言的终结者

第一节　身体语言的秘密

身体语言，又被称为“非语言交流”。作为一种传递信息的方式，身体语言是指“由身体的各种动作代替语言本身来表情达意的一种特殊语言”。

具体来讲，狭义的身体语言是指人们借助于身体不同器官和四肢间的相互配合和协调，达到传递信息和交流的目的；广义的身体语言还包括了眼、眉、嘴等面部表情所表达的隐性言语。

迄今为止，科学界关于身体语言的起源还没有一个明确的说法。但可以肯定的是，身体语言主要受到遗传、学习及文化等方面因素的影响。此外，身体语言还具有无意识性、文化差异性、真切性与直观性等特点。

阿尔伯特·梅拉宾是美国著名心理学家和传播学家。1967 年，他和其他心理学家在进行了大量科学调查和研究后发现：人们在沟通和交流过程中所表达的全部信息由 7% 的语言信息、38% 的声音信息以及 55% 的肢体语言信息共同组成。

相较于语言沟通，身体语言的传递和表达显然要更加真实、丰富、隐秘和重要。研究者认为，尽管生活中人们可以通过语言的形式来达到沟通交流或者伪装自己的目的，但身体语言往往能反映出“一个人真正的思想、感觉和意图”。

因此，如果想要更加准确地认识自己和他人，想要了解对方内心隐藏的真实想法以及判断其是否说谎，就需要人们能够掌握身体语言的相关知识，探索身体语言的秘密所在。

艾伦在某大型超市负责日常安检工作。这天，他走向超市收银台，一边查看周边的情况，一边和同事聊天。当同事正在向他倾诉生活的艰辛时，只听他大喊一声："小心"，并迅速冲至收银柜台前，将一个中年男子瞬间制服。

面对艾伦的奇怪举动，同事以及超市中的其他人都感到疑惑不解。直到艾伦将那名男子交给闻讯赶来的警察后，才一字一顿地说："他是个抢劫犯。"同事反问道："你从何作出这样的判断的？"

艾伦说："很简单。他既没有购买任何东西，也没有像其他人一样正常排队，反而站在那里，两眼紧紧地盯着收银台。当他意识到我在观察他时，更是做出了一个鼻翼瞬间膨胀扩大的深呼吸动作。"

同事问："那说明了什么？"艾伦继续说道："恰在此时，收银员刚好完成一次结账，正准备打开抽屉。这个男子在我目光的压力下深呼吸，这个举动说明他已经下定决心，准备采取行动了。"

同事问："所以你大喊一声并迅速冲了上去？"艾伦回答："对。大喊一声既是为了提醒收银员注意安全，也是为了从心理上震慑抢劫犯，使其感到慌乱，打乱他的行动步骤。"

在上述案例中，艾伦如果不了解身体语言的秘密，也就不可能通过对中年男子紧盯收银台、鼻翼膨胀以及深呼吸等身体语言动作的观察和判断，发现对方的不良企图，并且及时采取行动，成功阻止一起抢劫案的发生。

尽管身体语言，尤其是面部表情和肢体动作对于人们之间的沟通和交流具有非常重要的作用，但需要注意的是，不同国家、地区、民族和宗教信仰的人群，在身体语言的表达习惯和外部特征上也有所不同。比如，点头这一身体语言，在中国、韩国等国家表示“同意、支持”，但在斯里兰卡等国家或地区则表示“反对、否定”。

因此，要想避免由于缺乏了解而导致判断错误、冒犯他人等状况的出现，就要求人们在了解身体语言之前，率先掌握学习和运用身体语言知识的“10条戒律”：

1. 做个称职的观察者；
2. 学会在环境中观察；
3. 认识普遍存在的非语言行为；
4. 解密特异的身体语言；
5. 与他人互动时寻找常态下的基线行为；
6. 坚持不懈，获取多种信息；
7. 了解一个人行为变化的重要性；
8. 学会发现虚假的（误导性的）非语言行为；
9. 学会区分舒适与不适；
10. 观察要细致入微。

其中，做个称职的观察者是人们了解身体语言秘密的最基本要求。

第二节　身体语言与有声语言

除了书写之外，人们用来沟通交流的主要表达方式就是语言。根据德国出版的《语言学及语言交际工具问题手册》提供的数据，现在世界上有证可查的语言有5651种。

语言主要分为有声语言和无声语言（身体语言）两大类。其中，有声语言是指“能发出声音的口头语言”。作为人类交际过程中“最常用、最基本的信息传递媒介”，有声语言具备直接性、生动活泼性以及直观便捷性三个特点。

陈诗云打扫卫生时不小心将父亲的古董茶壶打碎了。想到父亲平日里最喜欢这把茶壶，她心中愧疚不已。她当即找到父亲说：“这些年，每次打扫卫生和给您泡茶时，我都非常小心，但刚才拖地时还是不小心将茶壶打碎了。”

听闻此言，尽管父亲非常生气，但想到女儿的辛苦，也不忍心责怪她，反而大度地安慰女儿说：“旧的不去，新的不来，只要你没受伤就好。”

与陈诗云一样，唐密也打碎了父亲的宝贝茶壶。但她不仅没能得到父亲的理解和宽慰，反而遭到父亲的一通怒骂。原来，唐密打碎茶壶后对父亲说：“我不小心将您的茶壶打碎了。”父亲先是惊讶地问道：“怎么弄的？”

此时，面对父亲的质问，唐密不仅没有道歉，反而辩驳道：“这么多年我一直为您泡茶，每次都很小心，今天纯属意外。”父亲更加恼火地吼道：“做错事情为什么不道歉，还强词夺理？”

通过上述两个故事可以看到：面对同样一件事，不同的语言表达方式就会产生不同的结果。但要想更多、更深入地了解个体当下真实的心理状态，仅仅凭借有声语言是远远不够的，也是极不可靠的。相较于有声语言，身体语言（无声语言）更能率真地表露出一个人的真正想法。这主要是因为：

第一，有声语言直接作用于人的听觉器官，大多受个体理性意识的控制，属于理性层面。而经过理性意识加工后的语言往往会将人们所要表达的意思的大部分，甚至是绝大部分隐藏起来。

第二，大多数身体语言是自发的、无意识的，是人们的非自觉行为和内心情感的真实流露，直接作用于人的视觉器官，更加形象、直观、难以掩饰。

杨柳和陈芳合租一间房子。杨柳个性大大咧咧，陈芳的性格则偏内向敏感。共同居住的日子里，杨柳不仅不主动打扫客厅、厨房等公共区域的卫生，而且每次都会将陈芳打扫干净的房间搞得一团糟。这让陈芳感到非常不开心，但又无可奈何。

秉承不在背后说他人坏话和不抱怨的原则，每次同其他朋友聚会，提及杨柳这个合租者时，陈芳总会微笑着说："她还不错，没什么心眼儿，住在一起挺放松。"但如果有人仔细观察，就会发现陈芳每次说这话的时候，尽管面带微笑，但目光游移不定，两手则紧紧地握在一起。当对话结束后，她还会下意识地快速揉一下自己的鼻子。

在日常人际交往中，身体语言常常作为有声语言的替代和补充而存在。如果个体能够将有声语言和身体语言结合起来，或者掌握一定的关于身体语言和有声语言的沟通技巧，将会更有利于信息的传递，让人际沟通变得更加有效。但需要指出的是，人们也绝对不能仅仅凭借他人说话或表达时的某个表情、动作或姿势就草率地下结论，而应联系具体情况，对其意图进行全面、理性的分析。

第三节　身体语言与人际交往

作为社会中的一员，受不同社会背景、思想观念等方面的影响，不同个体之间，其性格特征及行为模式都会有所不同。其中，作为个体心理状态的一种直接反应，身体语言不仅能够帮助我们更加及时准确地识别自身以及他人的情绪，同时也能对个体的人际交往发挥至关重要的作用和影响。

有个人走进酒馆，一顿吃喝后准备结账时，却发现自己没有带钱。于是，他对老板说："不好意思，出门忘了带钱。回去之后一定派人将钱送过来，绝不拖欠。"酒馆老板微笑着说："没关系，您看什么时候方便再送过来也不迟，或者这顿饭就当我请您了。"

这一幕正好被蹲守在酒馆门口的无赖贾三看到。他想："既然那个人吃饭赖账都能安然无恙地离开，我为何不依照此种方式享受一番？"他走进酒馆，大模大样地点了几样酒菜，酒足饭饱准备结账时，佯装摸了一下口袋，然后故作惊讶道："出门走得急，忘记带钱了，不如改日我再给您送来。"

可让贾三没有想到的是，酒馆老板不仅没有像对待刚才那位客人般春风和煦，反而脸色一沉，怒斥道："你这个无耻小人，以为我们酒馆是善堂吗！快点儿给钱，不然今天非扒了你的衣服。"贾三不解道："为什么刚才那人可以赊账，我就不行？"

酒馆老板冷笑道："那人吃饭时一举一动都斯文规矩，吃完饭后还从口袋中拿出手绢来细细擦嘴，整个过程一看就是个有教养和德行的人，怎么可能会赖我几个饭钱？反倒是你，吃起饭来狼吞虎咽，不仅将脚踏在凳子上，端着酒壶往嘴里大口灌酒，而且用袖子随意地擦嘴，一看就是个经常忍饥挨饿、居无定所的无赖、流浪汉，我怎能轻易听信于你？”

酒馆老板仅仅从两个人吃饭的动作和姿势中，就判断出他们的品性，并以此作为是否允许他们赊账的依据。心理学家认为，在人际交往中如果人们能够像酒馆老板一样掌握一定的身体语言识别技巧，那么即使不同对方进行有声语言的交谈，也可以对其作出相对准确的判断。

身体语言除了可以帮助人们准确判断对方的心理状态，也可以帮助人们分辨双方的亲疏远近以及交际过程中对方真实的内心状态。

黄龙面试结束后，人力资源经理对他说："请回家等通知，我们研究过后会及时给您消息。"黄龙心中非常忐忑，他不确定自己回家后究竟应该继续找工作，还是安心等待经理的通知。

好友林婷听说黄龙的苦恼后，当即打电话询问道："你还记得经理告诉你那句话时的动作吗？"黄龙认真回忆后说："他好像右手肘支在桌子上，右手手掌做托腮状的同时，中指封在嘴唇上，食指则伸直，指向右眼角。"

林婷："除了这些之外，还有其他的肢体动作或言语表情吗？"黄龙低头又是一番苦思冥想后说："他的左手手臂好像横在胸前，左手轻轻搭扶在右手手肘关节处。至于表情，好像他的目光正好直视我。"

听闻此言，林婷肯定地对黄龙说："从微行为心理学的观点来看，这名经理的身体语言已经非常明显地表明——他对你并不感兴趣，他仅仅是出于社交礼仪及面试规则，才会对你说出那句话的。"

既然身体语言能够影响人际交往，这就需要人们在人际交往中遵守“四要”“四不要”的身体语言技巧，扬长避短，巧妙利用身体语言拉近人与人之间的关系，达到增强人际交往能力的目的。

具体而言，“四要”是指以下几点：第一，要在人际交往中时刻留意自己的形象，讲究动作与姿势；第二，要在与他人（尤其是朋友）聊天时，站得更近一点；第三，要在交谈中主动向对方露出微笑；第四，要在初次见面或者交谈过程中，自然地跟随交谈话题及情绪状态的节奏，不经意地轻轻触摸对方的手臂。

“四不要”则是指：公众场合不要随地吐痰；吃东西时不要发出过大的声音；坐下时不要随意抖动双腿；不要当众挠头皮和打哈欠。

第四节　身体语言与个体心理

个体受到外界信息和内部信息的刺激后会产生身体反应。作为人脑“对内外信息加工结果的直接延伸和表现形式以及人类有机体对主客观环境作出的适应性反应”，身体语言能够真实且可靠地反映个体当前的心理状态，并帮助人们更好地作出判断，采取下一步的行动。

这天，一位女病人来找著名精神分析学家弗洛伊德。弗洛伊德亲切地将她迎进屋里，然后坐下来聆听她的倾诉。只见女病人滔滔不绝地向弗洛伊德描述她的爱人有多么疼爱她，她的婚姻是多么幸福。

但弗洛伊德发现，尽管女病人讲述时眉飞色舞，但她的右手在无意识地攥着左手无名指上的戒指，不停地上下滑动。这让弗洛伊德意识到女病人的婚姻并非如她自己所说的那样幸福，而这也许正是她此行求助自己的真正目的。

于是，弗洛伊德打断女病人的话："你并不喜欢你的丈夫，对不对？"女病人惊愕片刻，然后艰难地开口说道："他并非我理想中的结婚对象。我当初选择他，只是因为他对我很好。结婚以后，我一直依赖于他对我的好又不知珍惜。最近我发现他出轨了，尽管我不喜欢他，但这个事实仍然让我感到非常愤怒和痛苦。"

在上述案例中，弗洛伊德在咨询过程中借助女病人反复滑动戒指的细微举动，看出了她对当前婚姻状态的不满意，并在随后的询问中打断了女病人关于幸福婚姻的虚假描述，使其推断得到了验证。

在现实生活中，人们同样可以借助身体语言对他人的心理状态进行观察和判断，使得自身人际交往能力得到显著提升。

唐丽傍晚在操场上散步时，无意间看到同宿舍的小A和小B两人站在操场的一个角落聊天，她立即兴奋地跑上前，大声喊道："嗨，这么巧，聊什么呢？"

此时，小A和小B都微笑着对唐丽说："没什么。"随后三个人站在那里，尴尬地相顾无言，直到唐丽低头系鞋带时忽然发现，两个室友的身体和双脚都相互朝向彼此，这才知道她们并不欢迎自己的到来。于是，她起身潇洒地冲室友挥手说道："你们继续聊，我还有事先走了。"

当她走远再回望两个室友时，发现她们又恢复了之前亲密交谈的模样。她不由得在心里庆幸道："幸亏当初看了一点微行为心理学，不然今天就要成为讨人厌的'第三者'了。"

人们在借助身体语言了解自身及他人心理之前，需要注意以下两方面的问题：

第一，掌握身体语言分析的四项基本原则，它们分别是连贯性原则、一致性原则、背景性原则和可能性原则。其中，连贯性原则要求人们在进行身体语言分析时，必须将身体语言与当下情境相结合，以"完整地、持续地、连贯地观察对方的肢体语言特征及变化规律"，而不是"将每个表情或动作分离开来，在忽视与其相联系的表情或动作的情况下，孤立、片面地解读和分析肢体语言"。

第二，心理学家认为："很多动作都是事先经过深思熟虑，有所用意的，不过也有一些纯属下意识。"因此，这就需要人们能够正确区分哪些是个体下意识状态下做出的身体动作？哪些是个体为了干扰对方判断，故意表现出的身体语言？哪些又是个体事先经过深思熟虑，理性思考后表达的身体语言？

总而言之，身体语言与个体心理之间是一种相互存在、相互影响的关系。心理导致行为的变化，行为在反映心理变化的同时，又进一步影响着心理状态的变化和发展。因此，人们只有不断地坚持学习身体语言的相关知识，对其进行更加深入的观察和了解，才能更敏锐地洞察自身与他人的心理活动，从而获得更好的社会生活体验与融洽的人际关系。

第二章

“一颦一笑”的心理信号

第一节　怒不可遏时的面部表情

甘雨最近遇见了一件糟心事。原来，在异地的男朋友天君一直想要将工作调动到甘雨工作的地方，但奔波了半年始终看不到一丝眉目。甘雨每周都会坐车前往天君的城市，安慰他不要太着急。

这天，甘雨刚回到家中，父亲就问她："天君的工作调动情况怎么样了？"甘雨回答说："还是老样子。"父亲又问："你知不知道，他家中有一位非常亲近的人很有背景，完全可以轻松地帮他将这件事情搞定？"甘雨听了，一脸诧异道："没有听他提起过。"

父亲立马勃然大怒道："要不是我托人家帮忙打听，还真没想到天君如此深藏不露。你们在一起这么久，他居然连这件事情都不告诉你。他这是对你、对我们家庭的不信任，你必须立刻离开他。"甘雨想要为天君辩解，但望着父亲愤怒的双眼，她颓然道："等我明天找他问清楚了再决定吧。"

澳大利亚的一项研究显示：人类已经形成了一张世界通用的"愤怒脸"。研究者认为：相较于其他面部表情，愤怒的表情看上去要更有威慑力，它不仅能明确告知对方自己内心的情绪转变，同时也可以促使双方的冲突得到尽快解决。

作为人的本能表现和原始情绪，愤怒是指"个体愿望不能实现或为达到目的采取的行动受到挫折时，引起的一种紧张而不愉快的情绪"。有时愤怒也包含极度厌烦、对不公平的抗争以及事情脱离掌控引起的恐慌感等因素。生活中备受个体喜欢或重视的人（父母、子女、爱人和亲密的朋友等）是最容易激发其愤怒情绪的群体之一。

愤怒主要包括轻微不满、怒、激愤和大怒等不同程度的表现形式。研究者认为，即使3个月大的婴儿，当他们的需求得不到满足或者身体活动受到限制时，也会产生愤怒情绪和行为表现。比如，当人们强行将婴儿口中的奶嘴拿走时，婴儿就会愤怒地挥舞手脚和放声大哭。

范丽每天结束辛苦的工作后，还要为一家人准备晚餐。但比起这些体力上的劳累，更让范丽感到愤怒的是老公李明对整个家庭的漠然和不关心。比如，范丽正在厨房忙碌时，女儿有道数学题不会，就在旁边不停地追问她。

尽管李明听到了女儿对妻子的追问，但仍然躺在沙发上翘着脚，兴致勃勃地观看球赛，并没有任何想要上前帮忙的想法。终于，忍耐到极限的范丽冲到客厅，怒不可遏地拿起遥控器，砸向了电视机，嘴里还大喊道：“让你看，不知道我正忙着做饭，你给女儿讲一道数学题就那么难吗？”

从整体上看，当个体处于愤怒情绪时，面部会表现出一种肌肉紧绷的紧张状态，“面部肌肉相互之间挤压的力度和拉伸的幅度比较大”。具体而言，个体愤怒状态下的面部主要有以下几个特征：

第一，眉头紧皱，眉尾上扬，眉头凝聚在额头中间，呈“川”字形；

第二，瞳孔略微紧缩，眼白变红，怒目而视；

第三，呼吸加快，鼻孔两侧急速扩张；

第四，嘴巴紧闭，微微噘起或者张大，牙齿相互间死死地咬合在一起；

第五，下颚部分的“三角肌、降下唇肌等也出现不同程度的向上运动”；

第六，面色发红。

另外，愤怒时伴随着面部表情的强烈变化，人们的身体也会出现胃部不适、双拳紧握、肩膀肌肉紧绷、心跳加速以及头昏脑涨等反应。

尽管作为人体正常的生理反应，当人们感到愤怒时，身体也会瞬间产生剧烈的反应。但人们仍然需要时刻警惕愤怒对于个体身心健康、判断能力、人际关系和事业发展等方面造成的不良影响，尽量做到：能够充分利用面部表情和身体反应感知自己或他人的愤怒情绪；掌握一些愤怒情绪调节和控制的小技巧，关键时刻能够将愤怒情绪置于自身的情绪管理系统中，避免造成更大的危害。

第二节　心情愉悦时的面部表情

传说水泊梁山中有一眼泉水，人们只需要喝上一小口，就会快乐一辈子。因此，它也被称为“快乐的源泉”。很多人都想要找到它，但很少有人能够如愿。

山下村庄中有一个财主，尽管他有钱有势，却常常感到自己生活得并不快乐。为了让自己变得快乐，他决意动身上山寻找“快乐的源泉”，但在茂林深处遍寻好几天，仍然一无所获。

这天，他偶然遇到一位须发皓白的老人，老人对他说：“如果你能够保证找到泉水后，将其分享给全村的每一个人，我就将泉水的位置告诉你。”财主本不想答应，但为了能够得到泉水，找回快乐，他假意回答道：“我一定保证将泉水带回去，同全村人一起分享。”

随后，他依照老人指引的方向，果然如愿找到了“快乐的源泉”。他兴奋地将提前准备好的瓶子装满了泉水，然后返回村庄。在路上，财主心想：“我历尽千辛万苦，好不容易找到的泉水，凭什么要分给别人？我一定要把它珍藏起来，传给子孙后代。”

但是，当他回到家中，高兴地将家人聚集在一起，打开瓶盖准备倒水时，却发现瓶子中的水全都消失不见了，只有一张纸条，纸条上写着：“不懂得同他人分享的人，永远无法得到快乐。”

心理学上所讲的快乐是指“人类精神上的一种愉悦和心灵上的满足”。人们在面对世界上发生的一切变化时，既可以选择以积极乐观的态度去面对，进而让自己变得更加快乐；也可以用消极悲观的态度对待，使自己的情绪处于抑郁、悲伤之中。

相关研究表明：世界上所有情绪分类中，快乐和痛苦是最容易辨认的两种情绪，而最容易使人混淆、最难辨认的则是怀疑和怜悯这两种情绪。也就是说，快乐虽然犹如其他情绪一般微妙，但可以通过面部表情在人们的脸上得到形象的表现，并准确地传达和感染他人。

黄勇是一名翡翠雕刻师，他最近刚好得到一块上好的翡翠。为了能够将其雕刻成独一无二的作品，他已经在雕刻室中不眠不休地待了整整两天。只见他时而自言自语，时而站立起来，绕着翡翠不停地走动，时而静静地凝视着雕刻台上的翡翠，时而拿起刻刀，快速地在翡翠上面游走、雕琢。如此十天过后，当黄勇终于完成这件作品时，他先是兴奋得大叫一声，然后站在原地，昂起头“哈哈”大笑，脸上全是肌肉相互积压形成的褶皱。

通常而言，当人们感觉快乐时，会出现诸如瞳孔放大、眉毛上扬、嘴角后拉等面部表情。

人们兴奋、快乐的程度不同，其面部表情也有所区别。具体来讲：

第一，当人们感到非常快乐兴奋时，脑袋会不自觉地后仰；额头平展；眼睛睁大而有亮光，伴随眼窝周围肌肉的运动，眼角出现鹰爪皱纹、下眼线向上弯曲以及眉尾上扬；脸颊上提，鼻翼扩大，嘴角后拉，嘴巴张开，面部肌肉运动幅度加大。

第二，当人们情绪愉悦但又感到不好意思时，头部会尽量保持不动；眉毛上扬的弧度比正常情况要低一些；眼睛微睁、有亮光且下眼线呈弓形；鼻翼有轻微扩张；抿嘴且嘴角微微上扬，并带动面颊部位的肌肉向上提。

第三，当人们仅仅出于礼貌而希望向人们传达一种快乐兴奋的情绪时，会微微抿起双唇（或者习惯性地露出八颗牙齿），唇角和两颊肌肉上扬。但如果仔细观察就会发现，相较于大笑和微笑时眼部肌肉的明显变化，礼貌性微笑的人的眼部肌肉并没有收缩，眼角没有鱼尾纹，下眼睑没有褶皱，苹果肌的提升看起来也非常僵硬。

总而言之，当人们内心深处真正感到快乐、兴奋时，眼角会有皱纹，嘴巴会不自觉地张开，头部也会微微后仰，全身肌肉呈现出非常放松的状态。反观礼貌性微笑或者假装快乐、兴奋时，尽管表面上会呈现出一种快乐的状态，但除了全身肌肉仍旧处于紧绷状态之外，他们的面部表情也往往表现得不够放松和自然。

第三节　心生厌恶时的面部表情

厌恶是代表人类反感态度的一种情绪体验。相较于其他负面情绪而言，厌恶情绪具有较强的传染性和感染力。比如，一对情侣在某家餐馆用餐时，如果男生突然告诉女生自己的碗中有一只苍蝇，那么尽管女生的饭菜中并没有发现苍蝇，但女生仍然会食欲大减，进而对面前的食物产生厌恶情绪。

厌恶情绪并非与生俱来，它最初来自"动物在吃到发霉、腐臭的食物时而产生的一种本能的生理反应"。相关研究表明：对于4岁以下的孩子而言，面对一种事物或者某样物品时，他们只会根据是否喜欢、是否好吃等标准来决定自己是否接受，而不是像大人那样表现出明确的好恶。

但是当孩子4岁以后，尤其是处于4岁至8岁这个年龄段时，在外界环境的不断刺激和影响下，他们的内心深处将逐渐从复杂的情绪中分离出一种叫作"厌恶"的情绪。

日常生活中，引起人们厌恶情绪的物理刺激源包括诸如变质腐烂的食物、他人的体液或排泄物以及不恰当的言行举止等。此外，除了嗅觉以及视觉因素之外，触觉、味觉、听觉等感觉也会引发个体内心中强烈的厌恶感。

有一天，方逸华去参加同事的婚礼，好不容易等到烦琐的婚礼仪式结束，此时她的肚子早已饿得"咕咕"作响。

第一道菜是盘酱汁牛肉，正当方逸华准备拿筷子去夹取时，只见对面一位妇女夹起一块牛肉放进嘴里后，又快速吐出来，大嚷道："太咸了。"语毕，也没有用纸巾掩嘴，紧接着就朝着桌子的方向接连吐了三下。一瞬间，方逸华和同桌其他人全都对这个妇女厌恶至极。

除了这种状况之外，参加婚宴时方逸华还非常厌恶有人将刚上桌的菜直接打包，贪小便宜，顺手将桌上的烟酒装进自己的包里以及抽烟、大声吵闹和喧哗，还有用筷子在菜盘里不停地挑来拣去，等等。

在上述案例中，方逸华之所以会对这名妇女产生厌恶情绪，正是因为她的内心深处不但极不认同这名妇女当着全桌人的面，将吃过的东西再从嘴里吐出来，并且朝着饭桌吐口水等行为，而且还将其看作一种非常低俗、恶心、没有素质和教养的表现。

从心理分析角度来讲，人们会对引发自身厌恶情绪的刺激源作出以下两种评价：第一，否定。第二，低级。其中，低级是指"尽管对方的某些言谈举止让他人感到非常恶心和厌恶，但实际上也没有对个体和他人造成任何伤害或构成任何威胁"。

当个体产生厌恶情绪时，其面部肌肉群会出现"整体紧缩，相互之间挤压和拉伸的幅度比较大"等特征。具体而言，主要表现为：双眉紧皱，眉毛下压，印堂处有明显皱纹；眼睛紧闭或轻微眯起，眼角上拉，瞳孔较之情绪稳定状态下要小；鼻翼提高收缩，法令纹加深；双唇紧闭，嘴角下拉，牙齿紧闭；下巴同时向上皱起等。

其中，鼻翼两侧沟纹的深浅程度是判断个体是否出现厌恶情绪的重要依据。除此之外，假如个体其他面部表情特征均表明其正处于厌恶情绪中，但同时他的上嘴唇仅仅抬起了一边或者嘴巴微微张开时，则表示此时个体的情绪状态可能是厌恶，也有可能是轻蔑；如果个体的上眼睑抬高，但眉毛完全下沉，这表明个体的内心状态中不仅有厌恶情绪，还包含一定程度的愤怒情绪。

因此，面对厌恶这种最具有感染性的情绪，人们除了要准确了解和掌握与其相对应的面部表情特征之外，还需要在正确区分它与愤怒、轻蔑等其他负面情绪的基础上，尽力调整自己的情绪状态，避免被他人的负面情绪所传染和影响。

第四节　恐惧害怕时的面部表情

恐惧，是指人们“面对某种危险情境，企图摆脱而又无能为力时所产生的一种担惊受怕的强烈压抑性情绪体验”。尤其是当我们处于生命安全受到威胁、名誉受到损害、经济利益受到侵犯等危险情境下时，将会比平时更加强烈地感受到恐惧情绪的存在。

恐惧的表现形式主要包括以下三个方面：

第一，对具象事物和某种特殊场所的恐惧。比如，害怕看到老鼠、陷入黑暗或者乘坐飞机等。

第二，恐惧症或惊恐突发症。

第三，对人际关系和社会交往方面的恐惧。比如，害怕被人批评和否定、害怕孤独或者害怕被他人拒绝等。

韩国电影《素媛》中，小女孩素媛被陌生人暴力伤害，后来在乘坐汽车回家途中，经过当初被伤害的巷道时，脸上瞬间露出了非常惊恐的神情，同样的恐惧在她第二天重返校园，再次经过那条巷道时重复出现。对于素媛而言，这条狭小的巷道就代表着她受到伤害的过往。因此，即使事情已经过去，犯罪者已经被抓捕，但很难消除她内心深处对巷道和成年男性的恐惧。

心理学家经过大量实验和研究后证实：假如人们愿意鼓起勇气，尝试着去靠近让自身感到恐惧的源头，那么很快就会清楚地看到自身过往的恐惧情绪是多么的没有根据和可笑。个体做出的尝试越多，他所恐惧的对象也就会越少。电影中尽管素媛重新上学的那个早晨，站在巷道前感到非常恐惧，但在爸爸假扮的可可梦的陪伴、鼓励和支持下，她最终还是选择了勇敢地直面巷道，继续前行。

位于加拿大尼亚加拉瀑布的一个叫作“梦魇恐惧工厂”的鬼屋中就曾经公开了人们受到惊吓瞬间的各种表情。作为惊讶的一个延伸表情，人们感到恐惧时会率先“有一个瞬间的惊讶表情呈现在脸部”，然后才是其他多种多样的不同反应和表现。心理学家仍然从中总结出了一些人们感到恐惧时所显露出来的共同面部表情特征：

面部肌肉群总体上呈紧绷状态；前额中部因为面部肌肉上提和挤压，形成倒“U”形皱纹；眉头抬高，上眼睑皮肤上“挤压形成的褶皱角度不同”，眉毛整体为波浪状扭曲状态；眼睛睁圆睁大，而且恐惧情绪体验越强烈，眼睛睁得越大，眉头抬得越高。

在嘴部动作中，依据恐惧情绪体验程度的深浅，有的人会嘴巴大张，露出上齿和下齿；有的人则紧闭双唇，用力咬合上下齿；还有的人可能嘴部没有任何变化。

此外，恐惧除了表现在面部表情上之外，还体现在：

第一，肢体表现。比如，单手或者双手捂嘴、弹跳或者逃跑等。

第二，生理变化。比如，大小便失禁、血压升高或者心跳加速等。

第三，知觉、记忆和思维过程障碍。比如，发生地震、火灾时，在恐惧情绪左右下慌不择路，选择跳楼逃生的人们就属于恐惧情绪所引发的思维过程障碍。在感受到生命危险的恐惧下，他们无法冷静、客观地对当前所处形势、环境等进行分析和判断，最终导致行为失控。

因此，这就需要人们通过对恐惧面部表情的了解和掌握，及时、准确地对自身和他人所产生的恐惧情绪进行识别，并采用相应方法进行缓解和调整，避免悲剧的发生。

第五节　悲伤痛苦时的面部表情

2016 年 6 月，英国《每日邮报》报道称：英国动物救护站中有一只 4 岁的混血斗牛犬阿莎，被称作“英国最悲伤的狗”。尽管救助站的创立者安德丽·牛顿多次极力向公众表示，阿莎和其他小狗一样活泼、可爱，但由于它天生的下垂眼和紧皱的眉头，使得它看起来非常悲伤、愁苦。因此在长达一年的时间里，没有一名领养者愿意将它带回家进行饲养。

作为人们最先体验和感知到的情绪之一，心理学家将悲伤看作一种由“分离、丧失和失败引起的情绪反应”。悲伤情绪的产生主要依赖于大脑的活动，特别是与前额叶皮层、杏仁核和海马体有着密切的联系。除此之外，它还受到诱发事件、认知评价、主观体验以及反应趋势等多方面因素的影响。

根据其程度深浅的不同，可以将悲伤细分为遗憾、失望、难过、痛苦和悲痛等。需要注意的是，即使遭遇同样的事件或者处于同样的情境，由于个体自身情况不同，所引发的悲伤强度、持续时间、反应趋势以及外部表现也会有所差别。

陈佳从小和祖母生活在一起，个性较为敏感、细腻。上小学后她才被父母接回城市生活。这天晚饭时，陈佳对母亲说："新同学们每天都嘲笑我。"母亲："他们都嘲笑你什么？"陈佳："他们说我方言口音太重，普通话讲得不好，穿衣服太老气。"母亲："如果人们都像你一样这么在乎别人的眼光，以后还怎么活？"本来陈佳说这些是希望能够得到母亲的安慰和鼓励，但听到母亲的回答后她顿时紧闭嘴巴，内心感到非常失望和难过。

研究者发现，较之羞耻、愤怒、无聊以及快乐等情绪，悲伤情绪的影响显然要更加深刻和持久。关于悲伤的功能，一方面，它就像是马路上的信号灯，给人们以警示，帮助人们及时察觉到"对自我掌控的缺乏"，与他人加强社会联系等。另一方面，它又会对个体的身体和心理健康产生极大的威胁和伤害，特别是高强度的、持续时间较长的悲伤情绪，不仅会大幅削弱个体的身体免疫功能，还可能引发抑郁、猝死等恶性后果。

当人们感到悲伤时，头部略微低下，面部肌肉整体呈现出一种松弛、呆滞和下垂的状态。具体而言，主要表现为：额头肌肉（皱眉肌）下沉，额头出现典型“川”字抬头纹；眉头抬起，眉尾下压，眉骨中间向上微耸；上眼睑下垂，瞳孔缩小，双眼无光，望向远处或地面；嘴巴紧闭，两侧嘴角向下弯出明显的弧线；“颧大肌、咬肌等同时向下运动”。与此同时，伴随着面部表情的变化，处于悲伤情绪状态下的人们也会伴随有用手遮挡面部或眼部、身体紧紧蜷缩在一起等肢体动作。

第六节　惊讶诧异时的面部表情

生活中我们常会用“目瞪口呆”“大惊失色”等成语来形容人们惊讶时的面部表情。作为一种中性的表情，惊讶来自“意外刺激物对人感觉器官的冲击或影响”。通常而言，尽管这个刺激是突然发生或者在个体意料之外的，但并不会对个体造成任何危险和伤害。

精神分析心理学派认为，惊讶的产生主要源于个体“在无意识的长期压抑的过程中，意外地获得满足”。但实际上，当某人、某事超出个体认知能力、观念或者设想范围之外时，人的面部同样也会产生惊讶的表情。

白勇是一名骨科医生，下午刚上班他就看见一位中年男子一瘸一拐地走进诊室。等中年男子坐下后，白勇问道：“您这腿怎么了？”中年男子回答道：“运动的时候受了一点伤。”白勇问：“您是一名足球运动员？”中年男子摇头道：“不是。”

白勇继续追问道：“那是篮球运动员或者摔跤手？”中年男子窘迫地回答道：“都不是。昨天在家里打麻将，我不小心赢了岳父母一局，老婆在桌子下面用力踢了我一脚后，就变成现在这样了。”听闻此言，白勇先是满脸的惊讶和怀疑，然后大笑不止。

在上述案例中，白勇听到中年男子说是因为运动而受伤时，以往的经验告诉他：由于运动而受伤的人大多为足球、篮球运动员或是类似运动爱好者。

但当他一连串的猜测遭到否定并得知中年男子所指的运动为“打麻将”，受伤是因为他老婆故意踢他所致时，显然这个结果超出了他过往的认知和经验。因此，他的第一反应是“满脸的惊讶和怀疑”。

当人们感到惊讶时，面部肌肉总体呈现出紧绷的状态，伴随着用手捂嘴、身体微颤等肢体行为。其面部表情的具体表现为：

额头和眉毛上挑，额头有“川”字形皱纹；上眼睑睁开，在瞳孔放大的同时，眼睛睁大望向对方，眼球略微向外突出；鼻孔放大或鼻翼出现扩张。

下颚自然下垂，嘴巴略微张开，轻微快速吸气，同时以“嘴巴四周的口轮匝肌为中心，其上方的口角提肌、颧大肌，侧方的咬肌、颊肌，还有下方的三角肌、下唇方肌和骸肌，分别呈辐射状向四周运动”。

由于惊讶的表情持续时间通常不超过1秒钟，因此，生活中如果有的人惊讶的面部表情持续时间过长或者某些动作太过夸张，则可将其看作“故作惊讶”且带有表演性质。

最后，人们需要正确分辨惊讶和害怕的面部表情，避免混淆二者。事实上，尽管吃惊和恐惧的面部表情都具有眼睛睁大和鼻翼微张的特征，但它们也有不同之处：

当人们处于惊讶状态时，上眼睑和眉毛会同时上提，下颚自然下垂，嘴巴微张吸气。而当人们感到害怕时，则会收紧下眼睑，眉毛又平又紧，嘴唇和牙齿紧紧贴合在一起，两侧嘴角向耳朵方向拉伸，有下垂的倾向。

第七节　羞愧难当时的面部表情

作为鲁迅的侄女，周晔姐妹三个会利用周末的时间，轮流跟随爸妈前去探望鲁迅先生。这天晚饭餐桌上，鲁迅同周晔聊起《水浒传》里的故事和人物。但周晔因为当初阅读时仅仅被书里面紧张刺激的情节所吸引，而对于人物的刻画、描写以及复杂的事件等皆草草翻过，并未作任何深究，因此面对鲁迅的提问便回答得不尽如人意，有时甚至会闹出张冠李戴的笑话。

讨论完毕，鲁迅微笑道："看来还是我的记性更好一点。"尽管鲁迅此言并没有任何责备周晔的意思，但周晔还是因为自己囫囵吞枣似的读书态度而感到羞愧不已。她在心中暗自告诉自己："以后不管读什么书，都要像伯父那样认真而仔细，千万不可再马虎了事。"（参见《我的伯父鲁迅先生》，周晔，1945 年）

羞愧是指"由于个体的不良行为违背了某种社会标准时产生的一种不光彩、无地自容的体验"。作为一种负面情绪，它更像是人们在社会生活中进化出来的一种生存技能和防御机制。它不仅能够帮助人们避免受到"社会隔绝和情感伤害"，同时也能让人们的"人际关系免于受损"。

在上述故事中，鲁迅在询问过程中看到了周晔羞愧的态度和神情，所以选择用幽默的方式对其进行提醒，而非严厉地责骂，这也在很大程度上避免了加重周晔内心的自责和悔恨情绪，造成不良心理影响。

由于个体更加关注他人的反应和对自我的评价，因此，与内疚情绪相比，羞愧的情绪体验也要更加痛苦和强烈。而当人们遭遇道德事件时，责任心与羞愧程度之间为正相关关系，即个体的责任心越强，就越容易产生羞愧心理；面对关系疏远的人要比关系亲密的人更容易产生羞愧情绪。此外，同样一件错事，“看到别人的糗事，内心的那种消极的感觉和糗事发生在自己身上的羞愧感竟然惊人的相似”。

第三章

“有鼻子有眼”的心理故事

第一节　频频眨眼为哪般？

人在一天中会做很多微动作，有很多微动作我们在做的时候甚至连自己都不会察觉，如眨眼。也许我们没有注意过，但是一个人一天平均要眨眼一万次，有的人甚至每天眨眼的次数远远超过了一万次。

一般来说，正常情况下人一分钟之内眨眼的平均次数约为 15 次。看到这些数字，可能很多人都会觉得难以置信，但事实的确如此。波士顿大学心理学教授约瑟夫 · 泰切曾经做过一项关于眨眼的有趣研究。

1996 年美国进行了一场著名的辩论，正是这场辩论让克林顿连任了美国总统。约瑟夫 · 泰切经过研究发现，在这场辩论中，克林顿平均每分钟的眨眼次数比他的竞争对手戈尔的眨眼次数少得多，这让克林顿看起来轻松自在、信心十足；而戈尔却给人留下了局促不安、不值得依赖的印象，所以最后在大选中戈尔输给了克林顿。

除此之外，约瑟夫 · 泰切还曾细致地研究了参加 1960 年、1980 年、1984 年、1988 年和 1992 年总统辩论的候选人眨眼睛的次数。经过观察，他发现在辩论中，眨眼频率高的一方总是在选举中失利。约瑟夫 · 泰切认为，眨眼睛和人的心理状况有着密不可分的关系，确切地说，一个人的内心越紧张，他的眨眼频率就越高。

人正常的眨眼次数是每分钟 10 ～ 50 次，而人在心理上感受到重大压力时，他的精神就会非常紧张，眼睛也会眨得格外频繁，尤其在内心难以承受这种外部压力的时候，眨眼的次数会大幅度增加。而当人们处于聚精会神的状态时，眨眼的次数则会大大降低，每分钟甚至不超过 10 次。

很多游戏玩家在聚精会神打游戏的时候，眨眼睛的次数会更少，因为在关键的时刻，一眨眼的时间就能决定一局游戏的成败。

一般来说，眨眼有三种情况：第一种是自主发生的，这对于我们的眼部健康和视力有着极大的帮助。第二种是随意性的，没有什么特别的含义。第三种则具有保护性，当我们在遇到强光刺激的时候，或是我们的直觉感受到危险的气息时，心理压力骤增，就会导致频繁眨眼的行为。在平时和他人交流的过程中，我们也能够从眨眼的动作中洞察对方的心理活动。

1. 眨眼的间隔时间延长代表着厌烦

正常情况下，人每次眨眼的时候眼睛闭合的时间大约为1/10秒，但这个时间也是可以人为进行控制的。在看电视剧的时候，如果我们细细观察，那么不难发现当主角厌烦了其他人的劝告时，甚至会一脸不耐烦地闭上眼睛，很久之后才睁开。

其实在生活中，我们遭遇类似状况的时候，也会做出同样的动作。当我们在和他人沟通交流时，如果对他人所谈论的事情丝毫不感兴趣，甚至感到有些厌倦，我们眨眼睛的时候，眼睛闭合的时间会明显延长。这个时候，我们的心里其实特别想让对方离开自己的视线范围，不要再来招我们烦。

当我们闭上了双眼，不愿意看对方的时候，则说明我们内心的不耐烦和厌倦已经到了临界点。如果对方依旧不识相地继续说下去，那么难免会被我们的怒火波及。

楚欣交了一个外地的男朋友，两个人在一起也算是经历了一番波折。可是当楚欣把这件事告诉父母的时候，家里人却说什么都不同意她和外地的男朋友结婚，就连平时不怎么动怒的爸爸也声色俱厉地骂楚欣没良心。

楚欣不服气和爸爸争论，两个人一言不合吵了起来，气急之下爸爸居然狠狠地给了楚欣一巴掌。楚欣委屈极了，进了房间，关上门谁敲也不开，妈妈把平时和楚欣关系较好的小姨叫了过来，让她劝劝楚欣。

楚欣放小姨进来之后，本来想倾诉自己的委屈，结果小姨的一句“你居然为了一个外人和你爸爸妈妈吵架，你也太不懂事了”，让楚欣更加伤心和失望。她忍着心中的委屈和愤怒，听小姨在耳边喋喋不休地反复唠叨着：“要嫁还是嫁本地人好，离得近，知根知底的，你要是嫁到外地那么远，到时候婆家欺负你了，谁跑去给你出气？”

楚欣本来就心烦，听到小姨的话她更烦躁了，索性转过头去，闭上了眼睛不再说话。可小姨还不消停，见她转过头不看自己，非但不闭嘴，反而让她转过来，好好听自己说话，烦躁不堪的楚欣索性连推带拉地把小姨推出了门。

眨眼时间的延长还有一种可能是表示对他人的蔑视，在西方上流社会的交际场合中，很多人都喜欢用这样一个微动作来显示自身的高人一等和对他人的不屑、蔑视等。

2. 眨眼频率增加代表着感兴趣

在漫画或动漫作品中，我们经常可以看到主角在发现自己感兴趣的美食、偶像的时候双眼发光的情景，如动漫《海贼王》中，路飞在看到美食的时候，眼睛的瞳仁甚至变成了四角星；而香吉士在看到美女的时候，漫画作者直接将他的眼睛处理为粉红色桃心；国产动漫《狐妖小红娘》中，主角白月初在看到棒棒糖的时候，双眼周围出现了亮闪闪的小星星。

很明显他们对所见的事物都非常感兴趣。其实这在现实生活中也并不少见，很多人在看到自己喜欢的甜点、漫画、偶像等的时候也会双眼放光，只是不太明显。而动漫把生活中的这种情景进行了夸张处理，再加上一点特效，所以这种喜欢和感兴趣的趋向看上去特别明显。

虽然我们的眼睛不能像漫画中一样发着耀眼的光，但是我们在看到自己感兴趣的事物时，眨动眼睛的频率也会骤然增加。在平时的交流过程中，如果我们听到了自己感兴趣的内容，也会忍不住快速眨动眼睛，这正是由于人们心理上的兴奋感直接通过眨动的双眼表现了出来。

3．双眼眨动的频率变慢可能是在编织谎言

心理学家曾经做过一项实验：他们挑选了一些人做志愿者，这些参与实验的志愿者被分为两个小组。第一组人进行简单轻松的自由活动，以保证这些人在十分钟之内不做任何需要说谎来掩盖的事情；第二组人则被心理学家提前告知了待会儿要提问的问题和相关答案的存放地点，方便他们在后面的测试中使用。在接受提问之前，他们被要求戴上一个由专家特制的能够检测眨眼频率的仪器。

经过观察和对比，心理学家发现第一组人眨眼的频率要稍微快一点，因为他们之前并不知道提问的问题和相关答案，所以在接受提问的时候心里难免会有些忐忑，情绪上也比较焦虑。而那些说谎的人眨眼的频率变化就更为明显了，回答问题之前他们眨眼的频率较慢，明显处于思考状态。也就是在这个短暂的过程中，他们的脑子里已经想到了如何不留痕迹地撒谎，等到回答问题的时候，也就是开始撒谎的时候，他们的眨眼频率迅速增加，而眼睛闭合的时间也比正常情况下长了1/10秒。

心理学家由此得出结论，人在撒谎的时候眨眼的频率会明显提高。而当人们要说实话的时候，双眼眨动的频率会有所降低。

小洁发现男朋友阿伟最近有点儿反常，以前早上阿伟上厕所的时候从来都不带手机，这几天居然每次都带着手机，而且会在厕所待上很长时间。平时阿伟的手机都是不设锁屏密码的，昨天晚上她看阿伟手机的时候，居然发现阿伟不知道什么时候设置了锁屏密码。

本来阿伟的微博头像是小洁的照片，可现在却换成了另外一张有着单身意味的图片。平时微博上一些他们秀恩爱的互动消息也都被他删除了，聊天的时候居然还用了两个人都甚少使用的可爱表情，种种迹象都指明了其劈腿的事实。

这天晚上两个人下班回到家之后，小洁叫住阿伟，直接问他是不是变心了。这时阿伟理直气壮地反驳道："你哪只眼睛看到我变心了？整天疑神疑鬼的，没事干不会多做点家务吗？"细心的小洁发现阿伟在说话的时候眼睛飞快地眨动，懂一点微行为心理学的她断定阿伟一定是想脚踩两只船。

但是阿伟不承认，她也不好发作，便先为自己的多疑向阿伟道歉。过了几天之后，小洁借口用手机扫二维码，让阿伟告诉自己手机的锁屏密码，结果打开微博之后，果然发现阿伟和一个不认识的女孩互相关注了。小洁点进去看那女孩的微博，居然发现了阿伟和那个女孩的亲密合照。当小洁拿着照片质问阿伟的时候，阿伟这才停止了狡辩。

有的人平时喜欢向其他人眨眼睛，这种类型的人一般都是性格爽朗、大方、自信，有着强大魅力的人。他们喜欢自己成为众人瞩目的焦点，前卫的他们喜欢模仿影视明星的穿衣风格和语言动作等，为自身增添吸引力，和他们相处，我们只需要付出一分热情，便能够得到他们十分的回报。

第二节 左顾右盼，心不在焉

陈丽云晚上下班回家后，一边收拾家务，一边反复催促女儿芳芳抓紧时间做作业。刚开始芳芳嘴上答应着，但身体仍然赖在沙发上一动不动。待到陈丽云不耐烦得快要发飙时，她才终于磨蹭着起身，慢腾腾地坐在书桌前。

如果仔细观察就会发现，尽管芳芳坐在了书桌前，但她其实并没有真正静下心来认真做题，而是拿着笔不停地左顾右盼。只要妈妈一离开客厅，她就会马上趴在桌子上玩耍。当妈妈重新出现时，她又会立刻起身，假装认真看书，继续晃动着小脑袋左顾右盼。

袁霞刚要出门时，接到了好朋友李艳打来的电话。电话中，李艳略带哭腔地说：“我很难过，你能不能过来陪我聊会儿天？”袁霞回答说：“可是我刚接到公司老板的加班通知，现在正准备出门。”李艳哀求道：“只需要十分钟。我们在你公司楼下的咖啡厅见面，绝对不会耽误你的工作。”

听到李艳这样说，袁霞只好勉强答应。谁知两人刚一见面，李艳就扑到袁霞身上大哭道：“我老公居然出轨了，我没法活了。”好不容易将李艳按在座位上，弄清了事情原委后，袁霞想要离开，但望着眼前一肚子委屈需要倾诉的李艳，她又实在张不开这个嘴。最终，她只好一边假装聆听李艳的倾诉，一边惦记着加班的事情，不停地左顾右盼。

上述两个案例中，不想做作业的芳芳迫于妈妈的压力而坐在了书桌前，并不停地左顾右盼；急于赶往公司加班的袁霞尽管坐在了需要倾诉和发泄的李艳面前，但实际上并没有用心聆听，只是在不停地左顾右盼。

左顾右盼，在汉语释义中解释为“向左右两边看”。如果将其更加肢体化和细节化，其实正是描述了个体的头部朝向左右两侧来回晃动，使“视线完全脱离或部分脱离原来的交流对象”的一种动作。

在心理学中，扭头的动作除了是一种视觉阻断行为的变形之外，还意味着对当前的人或所做的事情排斥、不感兴趣，甚至厌烦。比如，一对男女朋友，男生为了哄女生开心而在其面前不断做各种鬼脸，但女生其实只是为了能够得到男生的一个拥抱。因此，面对男生做鬼脸时，她往往会摆出一个扭头的动作来表示自己内心对做鬼脸这种行为不感兴趣。

“左顾右盼”这个左右扭头的动作除了表达排斥、不感兴趣，甚至厌烦的心理之外，还包含了一种心不在焉的状态。与不感兴趣相比，心不在焉则主要表现为思想不集中。心不在焉的原因有很多，可能是像芳芳一样想要玩耍，可能是像袁霞一样尽管非常想陪伴李艳，但心中又挂念着加班的事情。此外，不感兴趣也是造成个体心不在焉的原因之一。

因此，这就需要我们在人际交往中做到以下几点：

第一，能够准确、及时地察觉他人在谈话中所表现出的“左顾右盼”这个微动作，进而通过沟通或者分析等方式找到其中的原因所在，以便我们对自身行为进行相应的调整，有效提升沟通能力，改善人际关系。

第二，严于律己，要求自身在同他人交往过程中应当注视对方，而不要总是做出一副左顾右盼的模样，给他人留下不好的社交印象。如果像案例中的袁霞一样确实有事情需要离开时，可以选择坦白相告，再真诚地表明自己对对方的关心和同情，想必一定能够得到对方的谅解，使事情得到圆满的解决。

第三节 “匹诺曹的鼻子”

孙一奇是一名活动策划人员，女朋友崔娜则是一名兼职礼仪小姐。当初崔娜在孙一奇的穷追猛打下，才答应做他的女朋友，可是崔娜最近却发现：孙一奇对自己似乎越来越冷淡了。他每天不再打电话嘘寒问暖，甚至以各种各样的事情为借口，连续两个星期没有同自己见面了。

这天，她强忍着内心的愤怒和不悦，坚决要求孙一奇同自己见面，好好沟通一番。勉强答应见面后，孙一奇刚坐下就对崔娜说：“你到底有什么事情？如果没什么事情的话，公司那边还有点事，等着我处理。”

崔娜一听，流着泪问道：“你是不是喜欢上其他女生了？如果是，请你告诉我，我会立刻转身就走，再也不纠缠你。”孙一奇沉默片刻，然后用手指快速地摸了一下鼻尖后，说：“你想什么呢，我就是最近公司事情有点多，回头忙完了，一定好好补偿你。”

崔娜说：“你可以不喜欢我，但不要骗我，不要让我成为恋爱中的傻瓜。如果不是有了其他女生，工作再忙，难道连给我发一条短信的时间都没有吗？”孙一奇仍然坚持道：“确实是因为工作太忙。有时忙完后时间太晚，不忍心打扰你。”话音落下后，他再次抬起手臂，将食指放在鼻子下方，用力地摩挲了几下。

罗伯特·费尔舒曼是美国马萨诸塞州大学的著名心理学家，他曾经带着隐藏摄影机偷偷记录下人们坐在一起交谈时的现场情景。随后，经过他与实验人员严密的观察和计算后发现：“人们平均每 10 分钟左右就会说 3 个谎言，而说谎最明显的动作就是摸鼻子。”

关于说谎时摸鼻子这一身体语言，行为心理学家主要从以下两个方面进行了分析：

第一，个体说谎时因为紧张会刺激鼻子里的神经末梢，人们需要通过轻轻触碰或者快速触摸鼻子的方式进行缓解。

第二，触碰鼻子是一种隐蔽的替代动作。嘴部不仅是人类进食、呼吸的重要器官，也是人们宣泄内心情绪的重要通道。作为打开人类内心世界的一把钥匙，嘴部及其相关身体语言对了解人们内心的情绪也起着至关重要的作用。达尔文曾经提出：“以手掩嘴是一种吃惊的姿势，说出话后突然以手掩口的人，暴露出一种由自我怀疑到完全说谎的情绪。”但很多时候，捂嘴这一动作显然太过招摇和引人注意。因此，人们说谎时会选择利用轻轻触碰鼻子这一更为隐蔽的方式作为替代。

不管究竟是出于何种原因，至少可以肯定的一点是：当人们说谎或者不信任对方时，会不由自主地用手触摸鼻子或是轻轻蹭几下，同时伴随有眼球快速向右移动的微行为。但在日常应用与观察中，也需要注意：并非所有摸鼻子的动作全都是说谎的表现，还应当结合其他诸如个人身体原因（鼻子瘙痒）、行为习惯以及性格特征（容易紧张、激动）等多方面因素进行考虑。

第四节　斜视不语有心机

古往今来，关于眼睛的描述多不胜数。著名哲学家黑格尔曾说：“灵魂集中在眼睛里。"孟子则认为："存乎人者，莫良于眸子，眸子不能掩其恶，胸中正，则眸子瞭焉，胸中不正，则眸子眊焉，听其言也，观其眸子，人焉廋哉。"

眼睛是心灵的窗户，能传情达意，也会流露内心想法。正是因为眼睛和人的情绪、内心世界之间有着如此紧密的联系，生活中人们才会常常借助眼睛去表达自己和了解他人。相关研究结果表明，人与人之间沟通交流时，眼睛的作用远远超过有声语言及其他肢体语言。

但要想通过眼睛准确探测他人的内心，除了需要人们对眼睛的特征有所了解和掌握之外，还要求人们能够准确把握眼睛的移动规律和眼神之间的交流。比如，目光炯炯有神的人看起来更聪明伶俐，更有精气神，也更容易得到他人的喜欢和信任；占有欲较强且工于心计的人，通常长有一双三角眼；如果人的眼球在言谈中出现不自觉向右转动的状态，则说明他正在头脑中精心编造一个谎言等。那么，当一个人在与他人交流过程中出现眼睛斜视的情况时，他的心中又藏有哪些秘密呢？主要可分为以下三种情况：

第一，天生生理缺陷。这种状况很容易因为当事人不好意思直说或者对方不了解情况而产生较大的误解。

甘丽和杜琴是表姐妹，因为年龄相仿的缘故，家里的大人从她们小时候起就经常把她们放在一起比较。每当杜琴放学回家贪玩不学习、早起赖床或者不听话时，母亲都会在她面前反复念叨："人家甘丽和你一样大，每天回家总能自觉地做作业，完成作业后还会帮助爸妈做一些力所能及的家务，你呢？真不知道生你养你有什么用。"

起初杜琴会默默地反思自己确实没有甘丽懂事，但伴随着母亲言语间的变本加厉，杜琴心中慢慢产生了一种抵触和反感情绪。她不仅不喜欢听母亲的唠叨，而且连带着看甘丽也不怎么顺眼。

关于杜琴对自己所发生的心理变化，甘丽也多少知道一些，但并未放在心中。反倒是杜琴对甘丽的反感在不断地膨胀、发酵，到最后她已经无法心平气和地同甘丽坐在一起聊天了。

母亲将杜琴的情绪变化悉数看在眼里。这天，她特意将杜琴带到家附近的一家咖啡厅，待杜琴情绪较为平和时，才小心地问道："你现在为什么对甘丽那么冷漠？"

杜琴先是一愣，然后激动地大声说道："你从哪里看出来我对她冷漠了？每次和她说话她都斜着眼睛看我，明明是她先看不起我。"母亲："不要强词夺理。你明知道甘丽从小就是斜视，和每个人说话都是斜着眼睛看人，怎么会看不起你？"

第二，心思隐藏较深，做事情常常以自己的利益得失为重，为人老练深沉，不容易相信他人，有时也有挑衅之意。尤其是当他们斜视的目光伴随有压低眉毛、紧皱眉头或者下拉嘴角时，尽管表面上可能是对于别人的谈话表示赞同，但其实内心早已充满猜疑、批判或者鄙视。

韩龙向来自视甚高，尽管出身农村，但他成功后最不喜欢的就是同农村人打交道。面对前来求助的同乡，他很少直视或者正眼看向对方，而且在同乡诉说来到城市所遭遇的种种苦难时，他会一边斜视着注意观察对方的神情动作，一边在心中恶狠狠地想："想要钱直接说，何必做这一番表演呢？"

第三，较为自私自利、斤斤计较或者心术不正、别有他图。当人们对他人心生恶念或者在脑海中盘算着关于对方的一些事情时，就会用斜视的目光同对方交流或观察对方，以防被对方识破。

除此之外，斜视也可能仅仅是表示自己内心的疑问和困惑，并非怀疑；还可能是当事人性格较为内向害羞，对对方感兴趣，但又不敢直视的表现。特别是对于一些女性而言，如果她们在斜视对方的同时又伴随有眉毛上扬、面带微笑等面部表情，则更多表达的是一种羞涩、甜蜜的求爱或者挑逗信号。

第五节　闭眼聆听玩深沉

在我们所看到的许多关于耳机和音乐手机的广告中，都可以发现广告中有很多模特闭着眼睛享受音乐的画面。人们在拍照片的时候也会用上耳机这个道具，为自己的气质加分，让自己看起来更美。也许有人会觉得奇怪，为什么人在听音乐的时候一定要闭上眼睛呢？究竟是闭上眼睛之后听音乐的感受变得更舒适了，还是纯粹只是为了看上去很文艺、很唯美？

不仅仅是在听音乐的时候，当人们站在楼顶、海边或者高山之巅感受扑面而来的风时，也会不由自主地闭上眼睛，享受这样惬意舒适的感觉。在享受按摩的时候或是品尝美味的食物时，我们也会情不自禁地闭上双眼。这是什么缘故呢？国外曾经有人做过这样一个实验：在实验的过程中，研究者找来了一批志愿者，让这些志愿者先看 8 分钟的电视节目，然后静静地休息5分钟。随后由研究者询问志愿者们刚才看到了什么，这些志愿者可以选择三种答题方式：第一种是闭上双眼答题，第二种是盯着电脑黑屏答题，第三种则是盯着混乱的电脑画面答题。

研究人员发现，那些闭着眼睛和盯着电脑黑屏的人能够以最快速度回答研究者所提出的问题，答出问题的量也比较多，而那些盯着杂乱无章的电脑画面的人回答问题的速度则很慢。当问题涉及图像方面时，他们则很难回答。

由此研究人员认为，闭上眼睛能够屏蔽外界对大脑的记忆造成干扰的信息，他们还得出这样一个结论：当人的眼睛睁开的时候，大脑内部负责视觉的区域会不自觉地通过眼睛来获取外部的图像信息，就像是一个没有守卫的宫殿，任何闲杂人等都能够进去逗留、玩耍，而此时的视觉区域是处于忙碌状态的，占用了大脑空间的很大一部分，甚至会干扰大脑的思考和其他感官的运作。

我们都知道，人的五感分为视觉、嗅觉、听觉、味觉、触觉。当我们的其中一个感官被迫关闭的时候，我们不得不努力利用另外一个感官去感受和分辨我们所接触到的事物。这时候我们的注意力会更加集中，精神也更为专注，所使用的感官自然更加灵敏。所以我们会认可这样一个事实：在生活中盲人的听觉远比正常人的听觉灵敏得多，因为他们的视觉感官被迫关闭，他们不得不将更多的注意力投放在听觉、嗅觉、触觉、味觉这些感官上。

除了睡觉，通常我们在什么样的情况下会闭上眼睛呢？一般来说可以总结为以下几种：

1. 做一些非常享受的事情

当我们在做一些非常享受的事情时，如感受风吹，当我们闭上眼睛，用心去感受时，我们的触觉会比睁开眼睛时要灵敏得多，内心也更为舒爽、惬意。听音乐的时候，我们也会闭上眼睛，这是为了减少视觉信息的摄入，让我们更加专注。当我们的眼睛不再接受纷乱复杂的图像信息时，我们的听觉会更加灵敏，对音乐的感知力也更强。

在做面膜的时候，我们也会闭上眼睛，除了防止营养液进入眼睛这个原因之外，我们还能够获得一种心理上的放松和享受。这和我们做按摩、足浴或泡温泉的时候闭上眼睛是一个道理，这样做可以让紧绷的神经得到舒缓，也让我们触觉的感受更加明显，所体会到的舒适度大大提升。

2. 当我们要作决定的时候

很多人在认真思考问题的时候或是在作某些决定的时候，会闭上眼睛进行思考，这样能够有效地避免我们被外部的图像信息干扰思维，分散注意力。这时候，一个相对安静和单调的环境对于我们的大脑运转是非常有利的。

当我们向他人推销东西或者需要对方作出重要的决断时，如果我们发现对方正闭着眼睛思考，不要盲目地怀疑对方是否对我们所说的话题不感兴趣，这一动作有时候恰恰说明对方对我们所说的内容非常重视，所以才需要安静地思考，进而作出决定。所以当对方处于闭上眼睛思考的状态时，我们便不要喋喋不休了，因为此时对方的态度已经说明了一切。他在认真地思考我们所说的内容，我们只要给对方营造一个安静的环境就可以了，思考完毕，对方自然会作出一个明智的决定。

3. 当我们不想泄露自己的心思时

善于察言观色的人，只需要观察别人的某一个表情、某一个动作，就能够体会到其中的深意，更何况是有着“心灵之窗”美称的眼睛呢？眼睛是最容易泄露人们内心秘密的一个器官了。所以在必要的时候，人们会选择闭上眼睛思考问题，这样既能够防止自己的眼睛泄露心思，又能够屏蔽外界的干扰，为自己思考问题创造有利条件。

第四章

“头头是道”的心理解读

第一节　抬起头思考

崔洲可谓同学们心中的“智多星”。爱好读书和思考、涉猎广泛的他不管是应对老师在课堂上的种种专业提问，还是面对同学、朋友们私下里的各种刁钻问题，都能够给出让人心服口服的答案。

这天，他和同学唐河一起外出吃饭。刚走进一家饭店坐下，就听到服务员过来说：“您好，请问是用餐吗？咱们这边最低消费必须满15元。”唐河诧异道：“最低消费？”当得到服务员肯定的回答后，他窘迫地望向崔洲说道：“悲催，我只带了10元钱出来，你呢？”

崔洲摸摸口袋，然后说：“走吧，换一家饭店。”待到二人重新找到一家小饭馆坐下之后，唐河疑惑地问道：“顾客就是上帝，怎么现在上帝还有最低消费，这种方式合理合法吗？”

崔洲并没有立刻回答唐河的问题，而是做出了一个抬头的动作并持续了大概2分钟后，才对唐河说：“大概是因为上帝（顾客）太多，所以必须设定一些标准，把上帝分个三六九等吧。”

美国《今日心理学》杂志报道称：“大多数人在思考问题时会抬头看天或者闭上眼睛，这是因为天花板或者天空相对而言较为单调和枯燥，不容易引起眼睛的兴趣。”进而帮助人们更好地集中注意力，提高思维能力。

在上述案例中，崔洲正是借助抬头这一动作，帮助自己在嘈杂的饭馆中快速厘清烦乱的思绪，并最终在用一种更加幽默、轻松的方式回答了唐河问题的同时，也很好地缓解了两人对于“最低消费”所产生的些微怨气。

在日常谈话中，当我们对正在谈论的内容非常感兴趣，但又无法准确地理解时，也会做出一个用手支撑头部的抬头动作，同时将眼睛望向谈话的另一方或者天花板（远处、天空等）。这一系列的身体语言表明个体正在努力思考对方所说的内容，试图获得更深入的理解。

抬头除了是人们投入思考时的习惯性动作之外，这一身体语言在人际交往中还代表以下含义：

第一，中立和傲慢之意。当人们将头高高抬起，同时下巴向外突出，刻意向对方暴露出喉部，用眼睛做出俯视状时，代表了一种极端强烈的傲慢和强势态度。

第二，敬仰和愤怒之意。小孩子面对大人时，普通人面对喜欢的偶像或者政府官员时，都会不自觉地抬头表示对对方的敬仰。但有时当我们面临争吵或冲突（尤其是女孩子赌气时），也会借助抬头这一动作表示自己内心的不服气、不屑和愤怒。比如，有些自视甚高的罪犯常常会高昂着头，极不配合法庭的审判。

总而言之，抬头所代表的心理意义有很多。这需要人们在正确理解和掌握身体语言知识的基础上，学会针对场景和人物进行具体分析，不可盲目地妄自进行推测和判断。

第二节　谦卑地低下头颅

不同于骆驼总是低头弓背走路的踏实和谦卑，大象总是昂头挺胸地来回穿梭。不仅如此，大象更是多次私下或公开表明对骆驼的轻视和不屑。

有一次，为了节省体力，大象想直接从山洞中穿过，走向山的另一边。尽管相对大象的身高和体形而言，山洞的洞口有点低，但是大象仍然高昂着头，使劲往洞口撞去，结果撞得头破血流，也没能成功走进去。

趁着大象休息时，在远处一直观察着此番情景的骆驼走上前，将头略微低下后就轻松地进入了洞内。随后，它又退出来对大象说："有时候，低头并不代表懦弱或者无能。无论是这个山洞还是生活中的其他山洞，该低头时一定要学会低头。"

从心理学的角度看，低头的基本作用在于用来压低自身或者隐藏自己的面部表情。当人们低头时，既可以回避与对方眼神的直接交流，同时也可以隐藏和掩饰自己内心的情绪。无论在商业谈判还是日常交流中，当一方对另一方提出的话题不感兴趣或者持否定、审慎态度，但又不便直接表明自身感受和观点时，往往会采用最简单、最隐晦的逃避方式——低头。

李芳喜欢樊明，但樊明不喜欢李芳，这是两人之间彼此心知肚明的事情。周末，李芳邀请樊明一起外出用餐。吃饭时，为了缓解两人之间沉默而尴尬的氛围，李芳不停地说着关于自己的事情。但不管她说什么，樊明一直低着头翻看手机，只是偶尔点头，随口附和一两声。

良久，当李芳正在讲述某次旅行的感悟时，樊明抬头说："我对你曾经去过哪里，以后有什么打算，曾经经历过什么事情完全不感兴趣，我们两个真的不合适。"

同抬头一样，不同情境下的低头动作也代表着不同的含义。除了有不感兴趣及否定之意以外，低头动作还可能代表以下含义：

第一，表示对他人的认同、接受和同意，尤其当点头配合有弓背等身体开放性动作时，臣服、顺从等意味更加明显。比如，当犯错的学生面对教师或父母的教导时，他们通常会选择低头、弓背以及点头等方式，向老师和家长明确表示自己接受他们的批评以及自己的悔改之意。

第二，表示内心的羞愧、不安和自责。当个体做错某事或者愧对某人时，就会借助低头的动作来向对方传达自己内心的羞愧、不安等情绪，以求得对方的理解、宽容。在这个过程中，低头的动作代表了个体的一种低姿态，让人更加容易信服和谅解。

妻子由于丈夫擅自将存款借给他人而导致被骗的行为感到非常气愤。当她愤怒地指责丈夫时，丈夫却高昂着头对她说：“我又不是神仙，怎么能猜到他会骗我？”见此情形，妻子更加恼怒道：“你不认错就算了，竟然还狡辩？”最终，问题非但没有得到缓解，反而变得更加严重。

如果丈夫面对妻子的怒气，不急于为自己的行为辩解，而是低头聆听妻子的抱怨并承认自己的错误，表明反省之意，这个微小举动不仅可以使妻子的愤怒情绪得到有效的释放和缓解，更有利于两人之间的良性沟通和事情的最终解决。

第三，不同于下位者面对上位者低头时所表达出的谦卑、恭敬和尊重，当上位者对下位者低头时，通常代表了一种友善、和蔼的态度。比如，韩国娱乐圈非常讲究辈分，当前辈和后辈相遇时，后辈必须做出弯腰、弓背以及低头等动作来表示对前辈的尊敬。但有的前辈会选择面对后辈的这一行为，高昂着头视而不见，也有的前辈会微微低头示意，表示对后辈的肯定和友善。

第四，有时低头这一动作也代表不耐烦情绪，或者作为某种攻击性行为的前奏而出现。

第三节　支撑起沉重的脑袋

陈荣是一名职业演说家。在长期的演讲过程中，他总结出了一套专属于自己的演讲方法和观察技巧。他不仅能够利用各种专业的演讲方式巧妙吸引观众的注意力，而且能够对观众聆听演讲过程中表现出来的肢体动作和面部表情进行精准的判断，进而及时对接下来的演讲内容进行调整，避免观众感到枯燥无味和厌倦。

在对一系列肢体语言的观察过程中，他发现在聆听演讲时，当对演讲内容感到厌倦时，大多数观众都会做出诸如用手支撑头部、背部紧紧靠在椅子上、四处环视以及转笔等动作。其中，尤以用手支撑头部表现得最为普遍和明显。

心理学相关研究表明，当人们聆听演讲、上培训课或是被他人教导时，如果感到厌倦，但又暂时无法脱离当前情境而不得不坚持时，就会做出用手支撑头部的动作。此外，厌倦程度和手臂支撑头部的方式之间也存在着必然的联系和规律。

人们对演讲内容的厌倦程度通常伴随着支撑头部的手势的变化而呈

逐渐递增的趋势。也就是说，当人们仅用拇指和食指支撑头部且头部微微倾斜时，说明只是对当前演讲内容不感兴趣或是不认同，但对接下来的内容还抱有一定的兴趣和期望。当人们换作用拳头支撑头部时，说明他们已经开始对演讲内容感到非常厌倦，并且对接下来的演讲内容不再抱有过多的期待。而在演讲过程中，当人们开始用双手支撑着头部时，则说明他内心感到极端厌倦，并且完全放弃原有的期待，是一种非常被动、无聊和忍耐的心理体现。

如上所述，用手支撑头部的动作在聆听演讲、上培训课或者被他人教导时出现，主要体现了人们内心的厌倦、乏味和无聊情绪。但同样是用手支撑头部的动作，如果变换一个不同的场景，则又代表了另外一种截然不同的情绪状态和心理感受。

第一，当同长辈、朋友以及他人单独交流时——如果这个过程中其中一方（通常为需要帮助的一方）出现用手支撑头部的动作，则代表此刻他正在积极思考对方刚才所说的话语，或者认真地反思和总结。

月考总结大会结束后，邓娟找到教学组组长李成，表示希望能够和他单独沟通。李成随即邀请邓娟坐下，并关上办公室的门。然后他微笑着问邓娟："有什么事情？"邓娟："此次月考，为什么我授课的班级成绩这么差？明明我该讲的知识点都讲到了，该提醒的也都提醒了，怎么还是如此糟糕。"

李成回答说："你的确做好了一个老师该做的工作，但你有没有想过，将知识传授给学生以后，是否有了解他们掌握了没有？掌握了多少？有没有及时巩固和复习？"听闻此话，邓娟用拳头支撑着头部，望向窗外，沉默许久，然后深吸一口气，说道："您提醒得对，我最近家里事情比较多，确实对学生关于知识的理解和掌握情况有所疏忽。”

第二，当恋人、夫妻或者男女之间独处时——在男女独处过程中，尤其是两人处于一种柔和、宁静的氛围中或者女生心情不好的情况下，如果女生做出用手支撑头部这样的动作，通常意味着此时的她需要得到来自对方的一些较为亲密的鼓励和安慰，如拥抱、亲吻或者抚摸头部等。

第三，当交谈双方意见大相径庭时——在双方沟通与交流过程中，如果其中一方做出用手支撑头部的动作，除了有上述所说的厌倦之意以外，还从侧面体现了他心中对对方及其所持观点的轻视和不屑，是一种自视清高、放弃沟通的情绪表达。

第四，当谈判或汇报工作时——如果在商业谈判中看到谈判对手做出用手支撑头部的动作，或者在工作汇报过程中看到上司做出用手支撑头部的动作，这表明对方对我们正在阐述的内容不感兴趣；对方正在考虑或者谋划其他事情，心不在焉；也可能意味着对方对当前的问题或形势持观望和审视的态度。

第四节　头部微微倾斜的魅力

多多是一名被遗弃的智障儿，自幼生活在福利院。尽管他身高1.8米，长相俊朗帅气，外表看上去和其他男生并无任何不同，但他的智商只相当于七八岁的儿童。

戴璐是一名大学生，老家在福利院附近的一个小巷子里。因为高考移民的缘故，戴璐上高中之后就很少回老家。因此，当大二这年暑假，她回家第一次见到长大后干净帅气的多多时，心中顿生情愫。

此后，戴璐只要有时间就会找个理由去福利院找多多玩，有时还会带他一起钓鱼，给他描述外面的世界有多么的美丽。一段时间后，戴璐注意到，每当自己讲起丰富多彩的大学校园生活时，多多就会不自觉地歪着脑袋，听得十分入迷。

事实上，对于案例中从小生活在福利院的多多来讲，一方面他永远不可能依靠自己的力量去见识戴璐口中所描述的精彩生活；另一方面他的智力水平又不会完全磨灭他对世界的幻想和期待。这就使得他在聆听戴璐讲述的过程中，不自觉地做出头部向一侧微微倾斜的动作，将自己代入那个幻想的美好世界中。

头部朝向身体某侧微微倾斜的动作，在这里代表的是一种认真专注地聆听和思考的不自觉表现。值得一提的是，当人们在聆听过程中过于投入时，还可能伴有手掌轻抚（支撑）脖子等其他肢体动作。

英国《进化心理学》杂志刊登过一项研究成果显示：“提升魅力的关键可能在于头部倾斜的角度。”英国《每日邮报》的报道中同样写道：“如果女性将她们的头向前微微倾斜，她们会变得看起来更加迷人。”这主要是因为男性和女性之间天生的身高差异。通常而言，男生的身高要普遍高于女性。当人们微微倾斜头部时，会暴露出自己的喉咙和脖子，让人显得弱小、温顺而缺乏攻击性。

第一，当女性微微倾斜头部，淡淡地挑动上眼睑和眉毛，向上看向男性时，会给对方一种害羞、我见犹怜的娇柔感，更有女人味，也更能吸引男性的目光。

第二，当男生微微倾斜头部，上眼睑微微下垂，使得视线沿着鼻子方向看向女生，且面带微笑时，更能彰显男性阳刚的一面，更有男人味。

第三，当恋人相对而坐或是相互依偎着坐在一起时，如果其中一方的头部朝向身体某侧微微倾斜，除了表示对对方观点的认同以外，这一动作还会使得双方之间的交流变得更加热情、直接和顺畅。

第四，当人们进行日常沟通交流时，如果某一方做出头部微微倾斜的动作，表示他对于对方或是其所谈论的话题非常感兴趣。尤其是彼此关系较为暧昧的男女之间，女生通常会借助于头部倾斜的动作，在展示自己个人魅力的同时，向对方传递出“我喜欢你”“我对你很感兴趣”等具有一定挑逗意味的信息。

需要说明的一点是，头部微微倾斜的动作一般只发生在关系较为亲密或者对对方较为信任和依赖的情况下。也就是说，人们只有在内心感到安全的情况下，才会选择做出头部倾斜这种暴露脖子和喉咙等脆弱部位的动作。

第五，当我们出席谈判活动、重大会议以及其他较为严肃的场合时，头部微微倾斜不仅会让人显得软弱，而且看起来也有些漫不经心，不足以使他人对我们建立充分的信任和依赖。因此，我们应当尽量避免在此类场合做出这一动作。

第五章

让微妙的心思“露一手”

第一节 “露一手”“有性格”

乐乐陪着刚回国的表姐张莹莹一起逛街，这是张莹莹从十岁随父母出国生活后第一次重新踏上故土，回国之后见到什么都觉得新鲜。就连一个卖木制玩具的地摊，她也要停下来兴致勃勃地看上大半天。

两个人一直逛到了下午，收获满满，都是张莹莹喜欢的一些乱七八糟的小玩意。回来的路上，乐乐带她走了一条阴凉的小路，张莹莹一边看一边发问。乐乐在一旁有条不紊地给她讲解，走了一阵，张莹莹突然看到道路旁边的地上摆放着一张八卦图，边上还放着一张小板凳。

张莹莹对此非常好奇，招呼乐乐到自己身边，问道：“乐乐，你看这是在干什么？看上去好像是在卖什么东西，可是又什么商品都没有摆上去，老板也不在的样子。”乐乐笑道：“这个就是街边算命的，这年头骗子到处都是，指不定是哪家老头儿、老太太在家闲着没事儿干，出来骗钱的。”

两个人交谈的时候，乐乐眼睛余光一瞥，看到不远处一个满头白发的老爷子不疾不徐地走了过来。乐乐一看就知道这是摊主，正打算叫上张莹莹一起走开。可张莹莹这时候却转过身来牵着乐乐的手晃了晃，撒娇道：“乐乐，这就是和塔罗牌算命一样神奇的魔法吗？这个好玩儿，我想试一下，好不好？”

乐乐劝道：“我们还是快回家吧。”张莹莹说：“还是算一个吧！”这时摊主已经坐到了小板凳上，笑眯眯地和张莹莹打起了招呼，乐乐也就随她去了。

摊主问道：“小姑娘，你想算什么？姻缘、性格、学业，还是运势啊？”张莹莹想了想说道：“不知道你算得准不准，你就先给我算下性格吧！不过，你这个要怎么算啊？没有工具吗，如水晶球或者牌什么的？”

摊主笑了笑说：“用不着那些东西，你把手伸出来，我给你看看手相好了，算得不准不要钱。”

张莹莹将信将疑，但还是大大方方地伸出了手，让摊主观察。

摊主观察了一阵说道：“小姑娘，你性格开朗、直爽、不拘小节，心态积极乐观，做什么事情都很有干劲儿，不管遇到什么挫折，你都能很快鼓起勇气克服困难，是不是？”张莹莹一边听一边急切地点头，对摊主的话表示深切认同。

摊主笑了笑，接着说道：“但你做事情也缺乏耐心，害怕惹麻烦，别人给你讲的秘密你很难保守住，说话喜欢夸张，是不是？”乐乐听到后一句，在心里重重地点了点头。张莹莹双眼放光说道：“老板，真神了，你又不认识我，居然能算得这么准，不仅能说出我的优点，还能迅速算出我的缺点，要不是我不在这边生活，我就要怀疑你曾经长期跟踪观察过我呢！我真是佩服死你了！”

摊主听完她的赞美笑而不语，显得尤为神秘，张莹莹看向摊主的眼神也从最初的质疑变成了满满的崇敬。乐乐无奈地扶额叹息，看来张莹莹这回是彻底迷上算命这个神奇的“魔法”了。

我们在古装电视剧中经常能看到算命先生给人算命的桥段，有的算命先生只要对着身穿绫罗绸缎的路人说上一句：“兄台我看你印堂发黑，不日定然有大祸临头啊！”就能够骗得对方坐下来乖乖地掏钱，化解所谓的“灾祸”，而有的人则需要将手伸出去，由算命先生仔细观察手相，再一五一十地给对方说一些似是而非、模棱两可的话，让对方心甘情愿地掏钱。

在生活中，我们中有一部分人并不相信所谓的观察手相判断祸福，有一部分人将信将疑，还有一部分人深信不疑。那么观察手相真的就能算出人的祸福运势吗？这背后到底有没有科学依据呢？

看手相是否真的能够预测人的命运，我们不予置评，但我们的确能够通过手部的动作去分析对方的心理，这一点是可以肯定的。我们经常说这样一个词："十指连心"，可以理解为当我们心里有某些想法的时候，我们的手也会做出某些动作，来与心理活动相呼应。

国外的心理学家通过研究发现，当人们说谎的时候，手指的动作却往往与他们的谎言背道而驰。也就是说，手部动作的欺骗性非常小，很多时候我们双手所做的动作都代表着自己的真实心理。所以在和他人交谈的过程中，只要我们仔细观察对方的手部动作，往往能够如愿以偿地洞察他人的真实目的。

生活中，就是一个简简单单的伸手动作，也能够暴露出一个人的性格特征。不同的人伸出手的方式各不相同，有的人伸手时直接把五指摊开，有的人则五指并拢，还有人双手蜷在一起。伸手时手指所呈现出的不同姿态背后有着不同的性格和心理，所以说"露一手"动作背后有性格的"奥秘"。一般来说，人们伸出手的方式分为以下几种：

1. 伸出手时五指摊开的人

有的人伸出手的时候五指全部分开，这种类型的人大多性格开朗乐观，生活态度积极向上，内心光明而温暖。精神上也没有太大的压力，生活比较轻松，做事情的时候精力充沛，敢于尝试、勇于冒险，不会因为生活中一些细枝末节的小事而斤斤计较。

有着强烈的激情，往往脑子里冒出什么想法，就要立刻实施，即便一时之间遭遇了失败和挫折，也能够很快站起来，重新迎接挑战。由于心态乐观，这种人很少因为情绪上的问题患上心理和精神方面的疾病。

2. 伸出手时五指微张的人

有的人伸出手的时候五指微微张开，这种类型的人往往诚实稳重，有着强烈的责任感，是个可以放心依靠的伙伴。但是由于性格中有过于谨慎的成分，让他们即便处于艰难的处境时也不敢主动作出改变，显得有些跟不上时代的发展。

3. 伸出手时五指并拢的人

有的人伸出手的时候五指并拢在一起，这种类型的人通常非常注重礼貌，凡事循规蹈矩，有条不紊，待人接物小心谨慎，做事细致认真。做任何事情之前都有一定的规划，事前做了非常充分的准备，唯恐出错。做事的时候态度非常端正，一丝不苟。即便遭遇失败，也能够及时地自我检讨以便改正错误，所以做事的成功率较高。但有时候会因为过于谨慎而错失良机，做到了严以律己，却没有做到宽以待人，在人际关系方面，能够推心置腹的朋友非常少。

4. 伸出手时五根手指不弯曲、全部伸直的人

有的人伸出手的时候，五根手指伸得笔直，这种类型的人大多细心、情感丰富，感性多于理性，有时候容易感情用事。但做事情的时候很有耐心，往往能够善始善终，很少有半途而废的情况。

5. 伸出手时五指全部弯成弓状的人

有的人伸出手的时候，五根手指向里弯，呈现出一个明显的弧度。这种类型的人大部分有着敏感的内心，灵活多变，学习能力和创新能力都非常强，在遭遇困难的时候往往能够想出很多让人意想不到的解决办法。

6. 伸出手时四指并拢、大拇指单独分开的人

有的人伸出手的时候四根手指并拢在一起，大拇指却不自觉地分开。这种类型的人常常非常稳重，有着鲜明的自我意识，机敏聪慧，往往能够把握住机会施展自身的才能。在和他人交流方面有着出色的能力，但由于性格中有自负、倔强、心高气傲的成分，做事情容易独断专行，听不进他人的意见和建议，缺乏宽大的胸襟，没有容人的雅量，有的时候甚至会显得有些蛮不讲理。

7. 伸出手时食指与拇指留有间隙、其余手指并拢的人

有的人伸出手的时候，食指和拇指之间留有缝隙，其他手指则紧紧地并拢在一起。这种类型的人时常有着较强的自尊心，行事风格也有些特立独行，很有自己的主张，极少依赖他人。但是他们缺乏和他人协调的能力和气度，即便他人提出的意见和批评是客观理性的，也会招致他们的不满。

刚愎自用和利己的性格特点让他们看起来不太好相处，因此在社交方面面临着一些困难。在工作方面，由于缺乏团队协作精神，往往会和他人产生摩擦，很难与他人顺利合作完成任务，更难以和其他人共同经营事业。

8. 伸出手时中指与无名指之间有间隔的人

有的人伸出手的时候，中指和无名指之间留有明显的间隔。这种类型的人大部分性格开朗乐观，心态积极，身上有种敢于拼搏和越挫越勇的精神。无论遇到任何困难，他们都会想方设法去克服困难。

对待外人态度非常热情、和蔼，但是对待家庭的时候则有些刻薄寡恩，很少去体谅家人的感受，所以家庭关系不是非常融洽。

9. 伸出手时无名指与小指之间有间隔的人

有的人伸出手的时候，无名指与小指之间有间隔，这种类型的人性

格较为孤僻，不善言辞，有着较强的独立自主意识，不喜欢被其他人束缚，做事情的时候会提前做好计划，将事情安排得井井有条。

10. 伸出手时手指微微向内收缩的人

有的人伸出手的时候，手指会微微向内蜷缩。这种类型的人大多性格保守内向，和五指并拢类型的人一样，他们非常小心谨慎，工作的时候有着滴水不漏的风格，生活则非常认真和简朴。在金钱方面把控得较为严格，大手大脚花钱不是他们的风格，精打细算过日子才让他们感到踏实。他们不愿意吃亏，即便有一点会吃亏的可能，他们也不会冒险去尝试。

第二节　双手交叉抱在胸前

无论是在拍照片还是人际交往中，双手交叉放于胸前的动作都非常普遍。但实际上，正是这样一个看似常见的姿势，却被心理学家看作个体在社交中的防御性姿态。在不同的场合摆出这个姿势，会鲜明地反映内心出现的不同情绪变化。

冯瑾和肖睿是网友，他们在网上聊了半年后，冯瑾发现自己好像喜欢上了肖睿。她开始因为肖睿的“一举一动”而变得患得患失，以至于肖睿只是在群里同其他小女生多聊几句话，她也会暗自神伤好久。

某次聊天时，冯瑾假装不经意间向肖睿提出了希望见面的要求。没想到，肖睿不仅立刻表示同意，而且还对冯瑾说：“之前想要见面，害怕你不同意，所以就一直没敢提。”

当冯瑾怀着激动的心情和肖睿见面后，感觉他和自己想象中并无太大差别。但在接下来的聊天过程中，冯瑾却发现如果聊关于读书、游戏等话题，肖睿都非常配合且兴致高昂。但只要自己尝试着将话题引向家庭和女朋友时，他就会立刻将双手交叉，环抱在胸前，沉默不语。

几经试探后，冯瑾终于放弃了原本打算迂回了解肖睿感情状况后向其告白的想法，转而如同多日不见的老朋友一般，同他聊天后道别离去。回到家中，当她以为已经没有任何希望时，却收到了来自肖睿的告白短信。她忍不住惊讶地回复道：“为什么喜欢我？”

肖睿回复道：“我从小父母离异，很不喜欢别人询问关于家庭和感情方面的问题。然而今天你非但没有像其他女生一样寻根究底，还能够保持平常的心态继续同我聊天，这种反应让我感到特别惊喜、安全、舒适和信赖。”

对于肖睿而言，他选择用双手环抱胸前的动作向冯瑾表明自己对她提出感情问题的抗拒，并对冯瑾对自己这一状态的接纳和回应感到安全和舒适。

从生理学上来讲，双手环抱胸前是人们遇到危险情况时的一种自我保护动作，是人们用来保护自身脏腑器官的本能反应。从心理学上来讲，双手环抱胸前就好像是一道阻隔自己和他人的天然屏障，希望借助它将所有自己不喜欢的人和事阻挡在外边。

它既代表了个体潜意识中对于某些人、事、物的排斥以及防卫或者警惕心理，也从侧面反映了个体的不自信和缺乏安全感。但需要注意的是，尽管整体而言双手环抱胸前这个动作代表的是抗拒、怀疑和警惕心理，但依据细节不同，它所代表的含义又有所差别。具体情况如下：

第一，双手环抱胸前，但双脚岔开平行站立或是一只脚在前，身体后倾时，表明当事人是非常自信，乃至自负的，大有一种天下尽在我的掌控之中的气势。这类人在日常生活中自我保护意识较强，以自我利益为先；具有强烈的挑战和攻击意识；拥有较强的创造力，勇于打破传统规则。

第二，双手环抱胸前，但两只手攥成拳头状，紧紧夹在腋窝位置时，则表明他已经做好了充分的防御准备来应对可能到来的伤害，或者正在竭力压制自己对对方的敌对心理，随时可能发作。

第三，双手环抱胸前，但两手用力抓紧手臂时，则表明他的内心在当下充满了紧张、拘束、自责等消极情绪。因此，他需要借助紧握手臂的动作释放紧张感，同时也为自己增加一些心理助力。

综上所述，双手环抱胸前的动作除了可以帮助人们抵挡外来攻击之外，也有效地为人们提供了一种心理上的安全感和依赖感。但正如美国研究者的相关实验研究所表明的那样，经常做出双手环抱胸前的动作，会对人际沟通的效果产生非常明显的阻碍。

要想更好地实现与他人的顺畅沟通，就需要我们从打开自己交叉环抱胸前的双手，保持自然、开放的身体姿势做起。

第三节　双手叉腰，霸气侧漏

林易辉是一名白领，大学毕业之后，他没有回家，而是直接在上海找了工作。他至今工作三年，也交了女朋友，女朋友小蕊是林易辉的老乡，也是在上海上大学，毕业后直接留在上海的。

他们两个人在性格方面比较合拍，感情也非常融洽，生活中虽然会有一些小矛盾，不过每次都能够和解，总体来说还过得去。林易辉和小蕊商量着再打几年工，就回老家买房子。

这天上午的时候，林易辉接到了妈妈的电话，妈妈说一个亲戚家的孩子阿哲要去上海打工，这孩子论辈分也是林易辉的表弟。阿哲的父母担心他人生地不熟的，在上海出什么事，就想让林易辉多照顾照顾他，让阿哲暂住在林易辉那里。为人热情的林易辉也没多想，满口答应下来。

下班回家之后，林易辉和小蕊说了表弟阿哲要来上海和他们一起住的事情，没想到小蕊居然霎时间变了脸色，责问林易辉为什么不和她商量一下，就自己先答应下来。林易辉觉得小蕊这气生得莫名其妙，说不就是表弟要来住一段时间吗，有什么大不了的？

这时，小蕊起身叉着腰，伸出一只手指着林易辉说道："房子是我们两个人一起租的，你为什么不和我商量一下？你表弟多大了？成年了吧！他这次来要住多久？我们租的不过是个一室一厅，在这么小的空间里相处，你难道就没想过我和他待在一起会尴尬吗？这些问题你不想清楚就自作主张答应，有没有考虑过我的想法？再说了你表弟来了你要让他住到哪里？客厅还是我们的卧室？不如我把卧室让出来，让你们两兄弟住！"

林易辉看到小蕊发怒，连忙走上前去想要抱住小蕊安慰一番。结果正叉着腰的小蕊一把推开了他，林易辉笑嘻嘻地凑上去却被她这么一推，顿时也来了火气，抱着小蕊好好哄哄的心思也烟消云散了。

于是，他也叉着腰说道："不就是来住一段时间吗，你就不能忍忍吗？

以后不还是要和我的家人相处，现在适应一下难道不好吗？说话阴阳怪气的，说到底你不就是觉得房子小，你有本事去找人家房子大的呀！”小蕊被他一番口不择言的话气得双眼含泪，转身走回房间，拿出行李箱，收拾了自己的衣服便离开了。

在日常生活中，我们经常会看到吵架的人做出双手叉腰的动作，就连小孩子生气的时候也会不由自主地双手叉腰，仿佛只有这样才能够将自己的愤怒和不满最大限度地表现出来。这是什么缘故呢？

心理学家经过分析认为，人在生气的时候，会不自觉地将双手放在臀部，而双手的肘部则从身体的两侧突出来。这样一个动作所表达出来的意思是：“正烦着呢，你离我远一点儿”或“我不想和你待在一起”，这是一种主导意识的表现，仔细观察我们可以发现，当我们双手叉腰的时候，坚硬的手肘会朝向外侧，这个时候我们在潜意识之中是将手肘当作武器来使用的，不仅显得理直气壮，还能够充分发挥震慑他人的作用。

人类学家戴思蒙德·毛里斯将这一动作解读为“拒绝拥抱”，他认为这个动作中充满了挑衅的意味，多出现在陷入争执状态的人身上。在平时，这种姿势也代表着一种自信、独立的态度。而且当人们做出双手叉腰的动作时，大拇指的朝向也代表着不同的心理。当叉腰的时候，大拇指向前，则代表做出这个姿势的人内心充满了疑惑；而大拇指向后，则说明这个人有着强烈的控制欲，希望任何事情都在自己的掌控之中。

第四节　用手托住（抚摸）下巴

下巴是人们头部最下方的部分，严格来说，下巴不属于人的五官范围之内，但下巴是人类的本能象征，是人们头部动作的指南针，而且它对人脸部的轮廓线条有着非常重要的影响。从行为心理学的角度分析，下巴能够传达出一系列心理信息，当下巴和手势动作相互配合的时候，能传达出来的信息就更为丰富多样了。那么，人们在什么样的情况下会用手和下巴接触呢？一般来说，可以分为以下几种情况：

1. 陷入沉思

著名雕塑家奥古斯特·罗丹的铜雕与大理石雕塑作品《沉思者》，就是一个雕像人物俯首而坐，右肘放在左边的膝盖上，托着下巴和嘴唇，目光投放在地面，表情严肃而痛苦地陷入了苦思冥想之中。在日常生活中，我们经过观察可以发现，当一个人陷入沉思的时候，他的手会无意识地抚弄自己的下巴。

这一心理学常识可以巧妙地运用于生活和工作之中，当我们向其他人推销一种商品或者推广自己的理念、提出自己的建议时，如果对方不自觉地伸手抚摸自己的下巴，说明对方听进去了你所说的话，并且是真的在思考你的建议的可行性。

所以，这个时候我们可以适当放慢自己说话的节奏，拣一些重要的内容进行点拨，这样一方面可以给他人一个思考和作决定的缓冲空间，另一方面可以避免他人因为我们的喋喋不休而心生疑窦，进而直接拒绝我们的建议。当然，我们也可以直接闭上嘴巴，给对方一个相对安静的空间进行思考，然后静静等候对方的决定。

2. 感到得意

我们在生活中不难发现，不管是大人还是小孩，在他们的心中感到非常得意的时候，就会不由自主地扬起下巴，并用手不断地抚摸，这正是人们得意的时候经常做出的一个动作，说明他们的内心对于自己的某个行为感到非常满意和骄傲。

恒恒今年刚上幼儿园，是老师指定的班长。中午的时候，恒恒看到一个新来的小男生被另外几个男孩欺负，他非常生气，上前制止了他们欺负新同学的行为，还把欺负新同学的这些人的名字都记了下来，然后报告给了老师。

想到老师之前在办公室说的一定会好好惩罚那几个欺负新同学的男孩，让他们再也不敢欺负新同学的话，恒恒不由得伸手摸了摸自己高高抬起的下巴，心想：“这次我在幼儿园里不仅好好听老师的话，还帮助了其他同学，妈妈知道了一定会表扬我的！”

3. 对某件事感兴趣

人在对一件事情或者一个人非常感兴趣的时候，他们的注意力会变得十分集中，不由自主地就会做出用手托着下巴的动作，显得非常惬意。在现实生活中，如果一个男孩和女孩出去约会，女孩巧笑倩兮，用手托着自己的下巴，无疑说明了她对这个男孩非常感兴趣，在她心里非常愿意和这个男孩有进一步的发展。

但是在和其他人交流的时候，如果对方也做出了同样的动作，别误会，他可不是对你动心，只是对你所说的话非常感兴趣而已。

4. 表示反对的态度

有的时候，当我们不能接受和支持他人所说的事情时，我们也会做出托下巴的动作。不过这和其他情况下托下巴的方式不同，在用手掌托住下巴的时候，我们往往还会用手指捂住自己的脸，用以表示我们的不赞同，或者是用拇指托住下巴，然后用手指捂住口鼻。这个时候，我们不但对他人的观点持否定的态度，甚至已经想好了要以相反的观点去反驳对方。

临近冬季，各大商场都新上了冬装。张远趁着周末陪妻子逛街购物，琳琅满目的女装看得张远头晕眼花，张远的妻子却像蝴蝶进了鲜花怒放的大花园，翩然惬意地穿梭在各个品牌店之间。没多久，张远的妻子就看中了一家国际知名品牌推出的新款皮草，这款皮草看上去做工十分精致，摸上去手感柔软、温润，又如丝绸般顺滑。

妻子穿上身的时候充满了灵动的美感，看上去尊贵、奢华、上档次。可好看的皮草想必价格也非常可观。张远想着只要价格贵得不是太离谱，就满足妻子的愿望，结果店员说出的价格却让张远和妻子齐齐咂舌。妻子恋恋不舍地去换衣服，一步三回头地发动眼神攻势，后来实在绷不住，上前央求着张远给她买下来。

这时候，张远坐在商场的沙发上，单手放在膝盖上，用大拇指托着下巴，另外四根手指却弯曲着，捂着自己的口鼻。妻子在一边不停地说服张远，但是张远想了想每个月要还的房贷和孩子寒假的消费，最后还是决定先不买，等到年底发了年终奖，再买给妻子。妻子虽然有些不开心，但还是跟着张远恋恋不舍地离开了。

此外，当不擅长说谎的人撒谎，或者是被他人拆穿感到尴尬的时候，也会不由自主地用手抚摸下巴，以此来缓解内心的紧张和尴尬的情绪，这对我们的情绪有着很好的安抚作用。而当人们把手托下巴的动作顺势转为用手抚摸下巴，这表示他们正在作决定的重要关头。

除了不同情况下抚摸下巴代表着不同的情绪之外，不同的托下巴方式也代表着人们不同的心理状态。

1. 单手托下巴

这个动作指的是用拇指托住下巴，食指放在脸颊上，其他三根手指蜷曲着置于嘴唇和下巴之间的位置。喜欢做出这样动作的人思维严谨，内心有着强烈的批判态度，面对他们不能够认同的观点，他们会尽力去反驳，争取说服对方。

2. 单手横向托下巴

这个动作指的是用手掌去托住下巴，手指则放在脸颊上，这是一个表示自己在认真思考的动作。当我们和其他人交流时，尤其是在和商业合作伙伴交流的时候，如果对方做出了这样一个动作，则说明我们所提出的意见恰好让他心动，而他已经开始思考我们所提出的建议的可行性了。

3. 单手竖向托下巴

这个动作指的是用手掌托住下巴，手指则微微蜷起来，放在鼻子上。这个动作看上去和思考的动作非常像，实则不然，如果这个动作伴有手指漫不经心地轻点鼻头，那么就说明对方并不是在思考，而是正处于百无聊赖的状态，对于我们所说的内容对方丝毫不感兴趣，甚至有看他人热闹、置身事外的心理。

4. 双手托下巴

这个动作指的是两个手掌满满地托着下巴和脸颊。这个动作我们最常在天真无邪的小女孩身上看到，当然也有大人做这样的动作。这种人一般都是浪漫主义者，和他们在一起常常会感到快乐。当我们在和他人交流的时候，如果对方做了这个动作，那么则说明对方心不在焉，根本没有听我们在说什么，而是心里想着一些美好、快乐的事情。他们沉浸在自己的世界中，根本不会注意别人的目光和周围的情况。

第五节　双手插兜在隐藏什么

方明和陈玲是高中同学，两人都较为含蓄内敛，因此上学期间并无过多接触和交集。毕业十周年的同学聚会上，当其他同学都拖儿带女地全家出席时，方明和陈玲却都是孤身一人。

见此情形，老同学们纷纷起哄，要将单身的两个人撮合到一起。游戏环节中，方明和陈玲被单独分在一个小组。依据游戏要求，他们需要跟随音乐的节奏随意舞动，然后当音乐停下时，同另外一组的两名成员共同抢夺地上的气球。

音乐响起时，陈玲站在舞台中央，显得有些手足无措。随后方明踱着舞步，一点点靠近陈玲，引领她跟随自己的脚步慢慢扭动，四周立刻传来一片哄笑声。经此亲密接触后，撮合方明和陈玲两人的呼声越来越高，方明也一直面带微笑地站在陈玲旁边，看不出究竟心中在想些什么。

但如果人们仔细观察就会发现，当大家起哄方明和陈玲两人在一起时，尽管方明嘴上一直说“不要，怎么能这么说，没谱的事情不要乱说”。

但实际上他一直不停地来回踱步，双手时而插兜，时而背于身后，时而又交叉抱于胸前。

在美剧《不要对我说谎》中，身体语言专家将人们双手插兜的动作解释为“有意在隐藏什么东西”。心理学家阿兰则认为：“拇指在许多手势中都代表着个性和自我。男性在接近他心仪的女性时，会双手插兜露出拇指，不论手放在裤子的前面还是后面的口袋中。”

因此，通过对双手插兜这一身体语言的分析，可以确定的是，方明心中对陈玲存有一定的好感，并且很享受老同学对两人关系的善意调笑。在日常生活中，除了表达害羞、隐藏内心情绪的意思之外，双手插兜这一动作还包含如下意义：

第一，表示为人处世城府较深。心思缜密，性格谨慎而内向，缺乏灵活性，不容易信任对方。在人际交往中，喜欢双手插兜，尤其是在自然站立状态下时常做出这一动作的人，他们通常对对方本人或其提出的观点并不认可，内心不想与其建立更进一步的亲密关系，但又不愿意让对方看破自己内心对其所持的拒绝和戒备心理。

此外，他们“面对突如其来的失败或打击的心理承受能力差，在逆境中更多的是垂头丧气、怨天尤人”。因此，为了避免自身受到伤害，在与他人相处的过程中，他们大多会率先采用双手插兜等身体语言，将自己隐藏起来，不断观察和审视对方，以此决定自己接下来回应和对待对方的方式。

第二，表示以一种审视的态度观察或考察对方。对于此种类型的人而言，当他们在谈话中做出双手插兜的动作时，表明他们对对方正在陈述的事情或者提出的某个观点抱以怀疑和审视的态度。但出于某方面的考虑，他们不会立即打断对方的话语，而是选择继续聆听和观察对方。

但在聆听的过程中，他们会不由自主地握紧口袋中的双手，摆出一副随时准备攻击的架势。只要对方的言谈举止中出现一丝纰漏，他们就会立刻伸出双手，将其打断并提出自己的观点和看法。

第六节　双手倒背，派头十足

作为政治家们惯用的姿势，当人们双手背于身后时，能够给他人一种充满权威、力量和镇定自若的感觉，这让他们看起来更加高大、充满力量并值得信任。

综观各类影视作品可以发现，巡逻的警察、公司大会上的董事长、面向学生训话的学校校长以及出席重大会议的政府官员等居于高位或在某方面具有一定权威的人物角色在工作中或面对下属时，通常会摆出双手背后，昂首挺胸的姿势。

心理学家认为，双手背于身后的姿势无论从身体前面还是后面来看，都会使人充分感受到来自个体的权威感、自信感和力量感。这主要是因为，个体选择将双手背于身后，也就意味着他将自己身体器官中最脆弱和易受攻击的心脏、喉部等部位完全暴露给他人，这既是对自身能力相当笃定、自信的表现，也是彰显自己权威和内在力量的绝佳方式。

此外，喜欢或者习惯将双手背于身后的人，通常还具有以下几个方面的心理特质：

第一，拥有较强的自我意识，个性耿直而强硬，较为固执，不善变通，或者纪律性较强。生活中的老年人，尤其是退休前位居领导岗位的老年人，他们在与人交谈时常常会不自觉地做出双手背后的动作。这意味着他们急于在他人（尤其是年轻人）面前彰显自己的经验和权威，并且很难听进对方的意见和劝说。

第二，虚张声势，为了掩饰自己内心的紧张、慌乱或者空虚。当人们缺乏自我意识或者对自我不够自信时，会通过刻意模仿他人举止动作的行为来掩饰自己。

黄艳萍是一名普通的应届毕业生。毕业后通过应聘，她成功进入一家大型国有企业，负责资料和档案整理工作。作为一个其貌不扬、性格较为沉静内向的女孩子，工作后的黄艳萍一如上学时那样，每天安静地上班、工作、下班，不被大多数人注意。

但正是这样一个低调的，甚至看起来有些怯懦的人，在某次电视台为企业制作宣传片时，却幸运地被导演抽选为上镜主要人物之一。这也就意味着，此后黄艳萍的身影将会像明星一样每天出现在电视荧幕上，同大家见面。

这天，企业内刊编辑以及企业广播站主持人一起前来采访黄艳萍，希望她能讲述一下自己作为企业宣传片主角人物之一的拍摄感想。刚开始，黄艳萍显得有些紧张，一些基本的问题都无法表达清楚。正当她在心中暗自着急时，忽然想到每次国家领导人出席大型会议或接受采访时，都会摆出一个双手背后的动作。

她随即试探性地将双手背于身后，紧张感仍然没有彻底消除，但她感到自己内心好像开始变得平静，逐渐从刚被采访时的激动变得冷静下来，回答问题时思路也开始变得清晰而有条理。又过了一会儿，她感到自己从内而外突然变得十分自信,从容应对记者之余,还能同其谈笑风生，好似完全变了一个人。

第三，控制自我内心的浮躁、焦虑等负面情绪。有些人生性容易激动或者处事莽撞，但出于工作或者社交的需要，为了给他人留下好印象或者不让他人看出自己的性格缺陷，他们会借助双手背后的动作控制自己，避免做出不恰当的举动，产生不好的后果。

第四，思考问题时的习惯性动作。有些人性情较为谨慎、稳妥，遇到事情需要作出决定时，他们通常会采用双手放于背后和踱步的方式来帮助自己恢复理性和平静。

第五，值得一提的是，人们在分析双手背于身后这个动作时，还需要尽量观察和注意双手背于身后时的姿势和状态，以帮助自己更加准确地对其心理作出判断。

比如，当一个人背于身后的双手一只手抓住另一只手的手腕时，表明此人“内心充满了挫败感，希望能够借此动作来获得自控权”，或者个性害羞的人处于紧张状态时，也会不自觉地采用这个动作。一只手握另一只手的位置越高，则表明此人内心的紧张程度越高。

第七节　摊手耸肩的无奈之举

卓别林先生除了是名优秀的喜剧演员之外，也曾多次担任编剧和导演，是当时喜剧圈中少有的全能型人才。某次影片摄制会议上，正当卓别林严肃地讲解工作的具体安排时，一只苍蝇飞过来，并绕着卓别林的脸庞不停地飞来飞去。

起初，卓别林只是用手轻轻挥舞了几下，希望能赶走苍蝇而不中断讲话。当看到没有成效后，他叫助手拿了一个苍蝇拍过来，一边用眼睛死死地跟随着苍蝇飞舞的踪迹，一边紧握苍蝇拍，随时准备寻找合适的时机将其"一拍击灭"。

如此反复三四次，苍蝇不仅没有被赶走或被打死，反而大摇大摆地停下来，落在了卓别林面前的桌子上。大家看到卓别林拿起苍蝇拍，轻轻地将手臂移过去，准备奋力一击，但这时他又突然放下苍蝇拍，任由苍蝇飞出屋外。

见此情形，参加会议的其他人都疑惑不解。他们问道："你因为它而耽误了这么久的时间，为什么不把它打死？"卓别林两只手臂摊开在胸前，耸耸肩膀说："因为它不是刚才在我眼前的那只。"

摊手耸肩，在美国文化中常常被用来表达一种无可奈何、不确定，乃至不了了之的意思。卓别林在好不容易有机会击灭一直烦扰自己的苍蝇时，却发现面前的并非同一只，只好将其放生。面对他人的疑惑，他借助摊手、耸肩的肢体动作，表明了自己的无奈。

美国人除了借助耸肩这一动作表达无奈的意思之外，还将其看作一种建立在无奈基础上的自嘲式幽默。通常在表达这层含义时，人们会同时伴有头微微倾斜，掌心向上，双手平摊的动作。如果某人仅仅表现为单肩耸动，则意味着他很有可能是在撒谎，人们需要对其所说的话保持警惕。

陈宁是一名初三学生，学习成绩在班级中位居中等，性格开朗外向，深受老师和同学的喜欢。盼盼是英语课代表，又是班主任精心培养的精英学生之一，而陈宁和盼盼的关系甚为亲近。

平日里两人会在下课后一起吃饭、聊天和玩闹。有时，也会借用写纸条和书信的方式向对方诉说内心的一些秘密。这天下午，最后一节政治课上，盼盼突然传给陈宁一张纸条，约她下课后在操场上见。

当陈宁带着疑惑的心情来到操场后，却见盼盼面带难色，走到她面前轻声说："中午班主任找我谈话，她让我从今以后不要再和你玩了，所以我们之间就回归最普通的同学关系吧。对不起，但我想，你能理解和原谅我的，对吗？"

任凭陈宁如何想象，也无法想到盼盼邀约自己，竟是为了说出这样一番话。尽管她的心中满是震惊、不解和悲痛，但她仍然抬起头望向盼盼，然后双手平摊、双肩耸起，微笑着说："没关系啊，班主任是对的，和我做朋友确实会影响你的进步。还有事吗？没事我先走了。"

面对盼盼对友情的轻易放弃和班主任老师的干涉，陈宁借助于摊手和耸肩的动作向盼盼传递出自己非常理解，并愿意尊重和配合她的这一决定的信息。但与此同时，陈宁心中所有的委屈和痛苦都被她刻意压抑。因此，从这个角度来讲，双手平摊及耸肩的动作在生活中也常包含有假装大度、无所谓的意思。

第八节　抚摸肩颈的说谎信号

作为头部和四肢躯干的重要连接部位，肩膀是指"人的胳膊上部与躯干相连的部分"，又常被用来比喻勇于或能够承担责任，所谓"铁肩担道义"。工作中，上级领导对下属部署重要工作或者勉励下属认真工作时，常常会语重心长地用"我们肩上的担子很重"这句话来比喻任务的急切和责任的重大。

从肢体语言的角度来讲，肩膀可以起到扩大或缩小身体范围的作用，可以同面部表情、头部以及四肢动作相互配合，表达威严、依赖、伤心、高兴等诸多心理状态。

劳温是美国著名的肢体语言专家，经过多方调查取证和深入研究后，他发现当个体的双肩不自主地向后耸动时，表示其内心非常不安、有所遗憾或者倍感恐怖；有时肩膀向后耸动也代表夸耀的心理。当个体张开双臂，使肩膀得以最大幅度伸展开来时，除了表达放松之意以外，还表示个体正对某事有强烈的责任感或者正准备振作精神，进行某项工作。当个体在对话中故意用肩膀去碰撞对方的肩膀时，既可以表示亲密或挑逗之意，也可以将其看作挑衅和示威。

在日常生活与人际交往中，除了借助肩膀传达不同情绪信息之外，人们还时常会遇到诸如在谈话过程中出现用手抚摸自己肩颈部的动作。对此，有的人不置可否，有的人则认为它代表着当事人在掩饰自己的谎言。那么，排除肩颈部生理性不适和病变的可能外，用手抚摸肩颈这个动作究竟代表了人们的哪些心理变化呢？

第一，说谎或者对自己说的话没有信心，不能确定是否正确。正如上文所说，肩膀意味着责任的承担，脖颈则是人体中最脆弱的部位。当人们在与他人的沟通交流中说谎或者是对自己说出的话不够确定时，就会通过不自觉地用手抚摸肩颈的方式表明内心的不安和压力，同时也有保护肩颈部免受攻击之意。

高玲偷偷从妈妈钱包中拿了一百元钱。当天晚上，妈妈发现后询问她时，她用饱含泪水的双眼望着妈妈，委屈又坚定地说："不是我，我没有见到那一百元钱，更没有翻你的钱包。"等到妈妈转身询问弟弟时，高玲一边用手快速抚摸了一下肩颈处，一边长长呼出一口气。

第二，害羞、羞愧。当人们听到与事实极不相符（尤指夸大事实）的称赞时，往往会低头微笑，同时用手不自觉地抚摸肩颈。

巩玲虽说自幼学习钢琴，但由于她平时疏于练琴，实际上弹得并不是很好。因此，每当他人得知她自幼学习钢琴并夸奖她一定弹得很棒时，她总会用手抚摸肩颈，勉强微笑着说："没有很好。"

第三，紧张、尴尬。也有一些人，当处于较为紧张的情境下或者感觉尴尬时，就会借助于手抚摸肩颈的动作，对自身情绪进行掩饰和安抚。

第一次到女朋友家中做客时，面对女朋友母亲的热情招待和亲切询问，何军紧张得连一句完整的话都说不清楚，只是反复不停地用手抚摸肩颈部。

总而言之，生活中人们时常会自觉或不自觉地出现用手抚摸肩颈部。在对此进行分析和判断时，一定要谨记遵循具体问题具体分析的原则，针对个体当时所处的环境、情境及其个性特征等多方面因素进行综合分析，避免主观臆断，从而造成误会或让自己陷入被动。

第六章

生活微行为心理观察

第一节　网聊习惯心理透视

傅聪在网上认识了一个网友，两个人第一次聊天是在一款网络游戏里。傅聪做游戏任务的时候，怎么也打不死终极怪兽，就用小喇叭在附近消息里发出了一条求大神帮忙打怪的消息。傅聪一边打一边等人，本来以为这一关怎么也过不去了，谁知道突然冒出一名等级比他高的女玩家上前帮忙。

正在苦苦地和大怪兽斗争的傅聪如同看到了救星，连忙释放技能配合大神打怪。由于两人配合默契，很快就打败了大怪兽。女玩家正打算“事了拂衣去，深藏功与名”的时候，傅聪连忙和她搭话，并将她加为好友。

两个人一来二去便认识了，还互相交换了姓名。傅聪得知这名女玩家叫谢怡，是一名大学生，玩这款游戏几个月了，操作还可以，不像自己菜鸟一个，操作还不是特别熟练。傅聪便请求对方带自己一起玩儿，谢怡满口答应了，傅聪高兴得连连道谢。

谢怡热情地给傅聪发了一个抚摸脑袋的动作，说道：“以后你就是我小弟了，有什么困难，老大罩着你。”傅聪自己身为男性，居然被女孩子保护起来，深感男性尊严备受折辱，对谢怡的热情也有些招架不住。但想想对方毕竟是大神，还是个操作熟练的女孩子，能对他做出这样的动作，他还是非常开心的。

此后，傅聪和谢怡为了完成游戏中的任务，还在游戏里结为了夫妻。随着两个人相处时间的增加，聊天的内容也越来越丰富，从游戏聊到了生活。

傅聪对谢怡的了解也越来越详细。比如，谢怡是个热情开朗的女孩，言谈幽默，不拘小节，待人宽厚温和。平时喜欢吃抹茶味的冰淇淋，经常去校门口的小吃街上吃麻辣烫，早上会早起跑步，和同宿舍的女孩相处不太融洽等。

结果，傅聪在和谢怡相处的过程中竟然不知不觉爱上了对方，告白之后谢怡也爽朗地接受了他的追求。当傅聪得知谢怡所在的大学和自己竟然在同一座城市时，他非常激动，当即就想和谢怡见面。

可谢怡说什么也不愿意见他，就连交换照片都是傅聪和她求了很久才求到的。谢怡对于见面的事情一推再推，这让傅聪怀疑谢怡向自己隐瞒了什么，也有可能是男生玩女号欺骗了自己。两个人为了这件事闹得很不开心，谢怡最后拗不过傅聪的固执，只好答应了见面。

见面之前，谢怡对傅聪说，她在现实生活中的性格和网络游戏上的性格不太一样，让傅聪做好心理准备。傅聪认为，谢怡在游戏里那么热情健谈，在现实生活中也应该不会差多少，便没有在意，谁知道见面之后，谢怡的表现让他产生了极大的心理落差。

倒不是说谢怡的长相和照片不同，现实中的谢怡和照片并没有多大出入，她有着一副姣好的面容和一头飘逸的长发，比照片多了一分灵动。但就是性格差异太大了，游戏中的谢怡豪爽、自信、骄傲，与人交谈时妙语连珠，让人很有与之交谈的欲望，从来不会让人感到冷场。

现实中的谢怡不知道是由于紧张还是害羞，却显得有些拙于言辞，和她说话，十句里有八句她都接不上。傅聪一度怀疑谢怡是不是另有其人，在傅聪忍不住第三次问出：“你真的是和我一起玩游戏的那个谢怡？”时，谢怡终于抬起头，略带委屈地埋怨道：“我都说了我在现实生活中的性格和网络游戏上的性格不太一样，不想让你失望，你还非要见面，现在你觉得有落差了，是不是打算与我分手了？”

说着说着谢怡竟然流下了眼泪。傅聪非常自责，连忙拿出纸巾哄她，虽然现实中的谢怡和游戏中的谢怡判若两人，但傅聪觉得不管是游戏里那个坚强无畏的谢怡，还是现在这个柔弱的谢怡，他都非常喜欢。两个人便继续相处了下去。

在游戏里谢怡依旧御姐范儿，坚强得像一面护盾，生活中也依然非常柔弱，偶尔还会撒娇。网上聊天的时候能言善辩，开视频的时候就非常羞涩，满脸通红说不出话。但傅聪已经习惯了，有着双重性格的女朋友还是挺新鲜的。

随着科技的发展和智能手机的普及，越来越多的人开始使用手机上的各种应用来维持自己的人际关系。人们在日常生活中和在网络上聊天时，所表现出来的风格有时候也会有很大的偏差。

有的人在现实生活中不苟言笑，在网络中却风趣健谈；有的人在生活中与他人交谈时格外流畅，到了网络上却言辞寥寥，这其中的差异其实还是由于性格不同所致。

不同的人在网络交谈的时候所表现出的语言风格也是不一样的。有的人非常能够适应潮流，网络上流行的语言，他们都能够熟练地运用。有的人则规规矩矩，聊天的时候有一个错别字都会挑出来改一下，甚至连标点符号都标得非常整齐。还有人喜欢运用各种各样的表情，这背后所代表的性格和心理是迥然不同的。从网络语言风格中，我们也能够分析出一个人的性格特征。

1. 网络聊天的时候喜欢用表情的人

有的人在网络聊天的时候喜欢发各种各样可爱或者搞怪的表情，这种人大多属于外向型，温和宽厚，不拘小节，比较在乎他人的看法，希望自己能够给他人留下美好的印象。在生活中，他们待人接物彬彬有礼，对于熟悉的人能够谈天说地、无所不聊；即便和不熟悉的人交谈，他们也不会让冷场这种情况发生，处理人际关系时很有自己的一套方法。

2. 网络聊天的时候经常使用一些网络流行词汇

有的人在网络聊天的时候，会用各种各样的网络流行词：“你咋不上天呢？”“干得漂亮，我给你82分，剩下的18分我以666的方式给你！”“我开始方了！”“我和我的小伙伴都惊呆了！”

这种类型的人往往性格开朗，我行我素，热衷于自己喜欢的事物，很少在意他人的目光，只要自己开心就好，别人看不看得惯那是别人的事。在现实生活中，他们也总能找到志趣相投的伙伴。

3. 网络聊天的时候咬文嚼字，言辞谨慎

有的人在网络聊天的时候，发出的任何一条消息都是经过深思熟虑的。这种类型的人通常性格谨慎，平时不苟言笑，非常注重自己的形象，他们希望自己留给别人的印象是稳重和威严的，做事认真、踏实。

4. 网络聊天的时候喜欢用语气词

有的人在网络聊天的时候，会用各种各样的语气词如“啊”“呀”“嗯”“吖”，等等。这种类型的人一般有着孩子心性，性格中有骄纵和任性的成分，喜欢依赖别人，偶尔会使些小性子。但他们本性善良，朋友需要帮助的时候绝对会挺身而出，当他们向我们撒娇的时候，也说明了他们对我们的信任和依赖，是值得交往的朋友。

第二节　敲门习惯心理透视

徐凯是一名大学生，大一上半学期，课程排得比较松，上午上完课之后，基本上就没什么事儿了，他和宿舍的几个室友闲着无聊，就约了一起玩游戏。在宿舍里和徐凯玩同一款游戏的还有两个人，而学霸张硕不怎么玩游戏，捧着本书在床上看得津津有味。

玩了一阵儿，徐凯和其他两个室友都觉得又渴又饿，但是游戏正打得酣畅，徐凯他们谁也不愿意下去买吃的。于是，三个人便和张硕商量，想让他下去帮忙买水和午饭上来，张硕也是个宅男，能不出去打死都不愿意踏出房门，他自己吃饭喝水都还懒得动呢，又怎么可能帮他们下去买呢？

就在他们一筹莫展的时候，对面宿舍的吕家鑫过来找人一块儿下去吃饭，面对这种情况，显然吕家鑫的希望要落空了，不过吕家鑫很快就想到了办法。

原来，前两天他去超市买了面条和蔬菜，本来打算自己做饭吃，没想到厨艺太差了，做出来的饭根本没法下咽。吕家鑫说：“既然大家都不愿意下楼大老远地跑到餐厅买饭吃，那不如找个厨艺好的做饭得了，反正面条和菜我都买得挺多的，厨具和调味品也都齐全。”

张硕一听来了兴致，他放下书走过去说：“我做饭味道还不错，要不就由我给你们做吧，你用的是电磁炉还是一体锅？”

吕家鑫回答说：“一体锅，我给你拿来，咱们在你们宿舍做饭吃吧！”说完他乐呵呵地跑去对面，把锅拿了过来，两个人中一个洗菜，另一个切菜，热火朝天地做起饭来。

徐凯看着烧着热水的一体锅，有些担心地问道：“学校不是规定学生不能在宿舍做饭吗？咱们这么一用电，宿管老师一看电表电压什么的，不就能看出来不对劲儿了吗？咱们这样不会把宿管老师给招来吧，万一被发现了怎么办？”

吕家鑫得意地说：“你放心吧，我经验特别丰富，保证不被宿管老师抓住。”徐凯听了半信半疑地去打游戏了。就在张硕把菜放到锅里开始翻炒的时候，忽然传来了一阵敲门声，敲门声并不急促，听上去很有耐心的样子，徐凯警觉地问了一句：“谁啊？”

门外传来一个男生响亮的声音：“同学可以开下门吗？我是来推销游戏卡的。”吕家鑫一边走上前打开门一边说：“你们别担心，这肯定不是宿管老师，宿管老师不会这样敲门。”

徐凯和另外两个室友这才放下心来，买了几张充值卡，把推销的男生送出门之后就赶紧锁上了门。当敲门声第二次响起的时候，徐凯又一次提起了心，这次的敲门声比较轻，节奏也比较均匀，停顿了一阵儿没人应答之后，门外的人又敲了敲。

徐凯正要发问，吕家鑫便说：“放心开吧，应该是我们宿舍的文涛，他敲门总这么斯文。”徐凯打开门之后，果然是对面宿舍的文涛来借吹风机。虚惊一场之后徐凯也淡定了下来，继续打游戏。

就在三个人打游戏打得正酣畅的时候，一阵急促而突兀的敲门声响了起来，徐凯漫不经心地问了句：“谁啊？”他正要起身去开门，却被吕家鑫拦住了，吕家鑫小声说：“先别开门，这次绝对是宿管老师，张硕快把锅藏起来！”

张硕手脚利落地爬到上铺，另外一名室友端着锅给他递了上去，这时急促的敲门声又一次响了起来，一个陌生的男声说："同学开下门，我作个调查问卷。"把锅藏好之后，徐凯走上前打开了门，进来的却不是作调查问卷的同学，而是宿管老师。宿管老师狐疑的目光在宿舍中巡视了一圈，没有发现异样，徐凯等人也都装出一副茫然无辜的样子。

把什么也没发现的宿管老师恭敬地送走之后，徐凯立马拉着吕家鑫说："真神了，你怎么知道这回是宿管，难不成你有千里眼？"吕家鑫说："听敲门声听出来的啊，宿管老师敲门都这个样子，听得多了，你们就知道了"。

张硕也凑上来说："我怎么听不出来？"吕家鑫不以为然地说："我之前也听不出来，宿管老师查的时候也是找别的男生叫门，我还以为是那个同学呢，没防备就开门了，结果宿管老师来没收热得快和一体锅，一收一个准儿，我一连被没收了三次。从那以后，我就听出来不同了。"

每个人的性格在日常生活中的小细节上就已经体现得淋漓尽致，如果我们注意观察和分析就可以发现：就连敲门这样一个小小的动作，都隐藏着很多个性信息，从一个人敲门的动作和习惯中我们就能够看出该人的性格、情绪和心理特点，从而解读出一个人的内心世界。

国内一位著名的心理学家曾经说过这样一句话："人动作的轻重缓急与内心力量的强弱和控制是息息相关的，敲门的强度、节奏、时间等，能从侧面反映一个人的性格、此时的情绪和期望等。"心理学家从以下三个方面分析了人们的敲门习惯：

1. 从敲门的节奏上来分析

一般来说，敲门的时候节奏均匀地敲上两三下的人非常理性，性格较为沉稳，修养良好，有着很好的自律和自控能力。这种均匀的敲门节奏，在求人办事的时候，或者是下属前去拜访上司、男方去见女方家长的时候出现的概率极高。因为敲门者潜意识中想要给门里的人留下一个好印象，所以在敲门的细节上也会表现得彬彬有礼。

性格较为活泼开朗的人敲门的声音一般也是十分欢快的，他们在无意中会将自己的快乐情绪通过敲门这个动作传递出来。这种人通常比较受人欢迎，有着良好的人际关系。而敲门的动作非常迟缓，慢悠悠地敲两下就停止的人情绪较为低落，或是在心理或生理上感到疲惫，需要调节心情。

2. 从敲门的强度上来分析

有的人做起事来风风火火，就连敲门这件事也不例外，内心充满自信的人敲门的时候常常声音响亮，底气十足，如同他们为人处世一样，有着强大的内心和不拘小节的豪爽性格。性格谨慎和有着自卑心理的人敲门的时候一般小心翼翼，敲门的声音也非常微弱，似乎生怕打扰了他人。这样的人大多不擅长处理人际关系，和他人交往时，常常处于消极被动的境地。

有的人敲门的声音特别响亮，却始终不肯问一句：“有人吗？”这样的人多半性格内向，动作鲁莽。我们在电视中也会见到有些人不是敲门，而是直接用手掌拍门或者用脚踹门，这样的人要么就是被愤怒的情绪所控制，前来找碴儿或寻仇；要么就是内心自视甚高，仗着自己的权势或地位看不起他人。

3. 从敲门时间的长度上来分析

有的人敲门的时候敲一会儿停一会儿，仿佛敲累了歇歇一样，这样的人往往心思缜密，能考虑到方方面面的因素，也比较细心体贴，知道给他人做出反应的时间。但有时候他们会因为考虑得太多而很难下决定，显得有些优柔寡断。

有的人敲门敲两下，没人应门的话，便会离开。这样的人性格中常有懦弱和自卑的成分，做事情缺乏自信，担心被他人拒绝，也非常容易被一时的困难给吓得丧失拼搏的勇气和信心。

还有一种人，敲起门来非常有耐心，如果没有人应门的话，他们也会敲很久。这种人一般性格固执，不懂得灵活变通，也容易一意孤行。好的一面是他们有着很强的意志力，小小的挫折并不会吓倒他们，反而会激发他们战胜困难的信心。

第三节　洗澡习惯心理透视

周末，文芳和闺密齐齐、田静约了见面一起逛街，三个人逛得累了，坐在街边的一家咖啡厅歇息。文芳和田静一边喝咖啡一边聊着各自的近况，一向脱线的齐齐捧着自己的手机玩得欢畅。就在文芳和田静享受悠闲静谧的下午茶时间的时候，旁边玩手机的齐齐突然叫了一声："哎呀！"文芳连忙问道："怎么，出什么事情了吗？"齐齐说："我刚才在玩手机的时候看到网友在讨论一条热门微博，据说99%的人洗澡的顺序都是错误的！你们洗澡都是先洗哪儿？"文芳听完笑了起来，说："洗个澡还要分什么顺序吗？太麻烦了吧，先洗头还是先洗脚有什么区别，我就从来没注意过这种问题，平时洗澡应该是先洗的头吧。"

这时，田静有些不赞同地反驳道："你别不当回事，洗澡的顺序问题的确挺重要的，我记得日本的一本杂志上边说日本每年因为洗澡不当而导致死亡的人数高达1.4万人呢！尤其是在冬天的时候，气温特别低，人体的温度和浴室温度差别尤其大，血液都集中到了内脏和头部，要是我们先洗头的话，很有可能导致头部的血液流通不畅。我记得正确的洗澡顺序应该是先洗脸，然后再洗身体，最后才洗头。"

文芳好奇地问："为什么是先洗脸？这里边难道有什么说法吗？"

齐齐捧着手机解释道："网上说人在洗澡的时候毛孔遇热会张开，所以在毛孔张开的时候把脸洗干净，皮肤不容易起痘痘。而且网上还说，泡澡的时间长了也不好。"

田静似乎没有听说过这样的理论，所以也问道："一般来说我们下了班，舒舒服服地泡个热水澡，不是挺放松的一件事吗？我泡澡都是要加好几遍热水，泡到浑身上下的毛孔喝饱了水才行，怎么泡的时间长了也不好呢？"文芳也附和道："对呀，我也喜欢长时间泡澡，这样对身体不好吗？"

齐齐说："我看专家说的是泡澡时间长了，头部血液的供应就会减少，人容易产生疲劳感，出现头晕、脑缺血的状况，增加了发生意外的概率，还会引起心脏缺血、缺氧，严重的还能诱发心脑血管疾病呢！"

文芳说："怪不得我洗澡的时候总是晕，我一直以为我贫血，原来还有这一层因素啊。"

齐齐点点头，饶有兴趣地接着说道："其实我们还能从洗澡这种行为分析出人的性格和心理呢！有的女孩就特别聪明，和福尔摩斯似的，光从洗澡的方式就能够判断男人是不是容易出轨呢！"

田静笑着说："说的和真的似的，真有这么神奇吗？"

齐齐摇摇手机说："不信你们自己过来看，我感觉他们说的还是挺准确的。"文芳和田静都凑了上去，三个人围着手机"嘻嘻哈哈"地各自分析起了自己的性格。

在日常生活中，出于各种各样的原因，我们总免不了要戴上面具，将自己的真实性格隐藏起来。尤其在职场上，我们更需要将自己脆弱的一面隐藏起来，以免被他人抓住把柄或给他人留下负面印象。但是回到家之后，摘下面具，释放真我，洗个热水澡，放松一下，可谓人生一大惬意事了。

心理学家认为人们在洗澡时的动作，往往能够暴露出人的性格特点。因为洗澡是一个相对来说比较私密的行为，一般情况下都在一个较为安全、封闭的环境下进行，在这个环境中只有我们自己，所以很多人能够卸下心防和伪装，表现出真我。

越安全、私密的地方，我们的心理状态就会越放松，所采取的动作没有了外部环境的束缚，全然出自本能，也就最能够反映出我们的真实性格。那么我们在洗澡的时候都有哪些平时没有特别注意过的习惯呢？这些习惯背后又暴露出了我们怎样的性格特征呢？

1. 一边洗澡一边刷牙

有的人很会节省时间，喜欢在洗澡的时候顺便把牙也刷一刷。从表面上看，这种类型的人对时间的掌控非常严苛，很会把握日常生活中的每分每秒。他们绝不会浪费一丁点儿时间，如果能够同时完成两件事情，那么他们会毫不犹豫地同时着手做两件事情，他们希望自己的每一分钟都能够创造出更多的价值。

由于总是能够控制好自己的时间、金钱，也不会被一些耗费精神的琐事缠身，所以这种类型的人自身的成就往往比自己的预期要大得多。从深层心理分析，这种类型的人往往具有领导潜质，对价值的在意程度非常高，对于即将谋取的利益有着明确的目标和规划，不会把时间和精力耗费在创造不出效益的事情上。

从另一个角度来看，这也说明了这种类型的人没有足够的耐心。俗话说“十年树木，百年树人”，很多事情并不是一蹴而就的，需要一个漫长的过程去逐渐累积和发展，其中也需要不断地投入时间和精力，并不是在第一时间就能够看到事情的结果。

举例来说，就像男女之间谈恋爱，有过几次约会并不代表两人能够直接步入婚姻殿堂，感情需要积累和发酵。所以很多事情不能一概而论，只以创造效益为目的未免失之偏颇，有时候放慢步调，才能够发现生活中更多的美好之处。

2. 一边洗澡一边唱歌

有的人喜欢一边洗澡一边唱歌，这实在是一个非常可爱的小习惯。这种类型的人即便没有动人的歌喉，也不能阻止他们放声歌唱的强烈渴望，显露出了个人乐观、开朗、自信的真性情。

这种类型的人不太在意他人的眼光，无论他人的看法是恶意还是善意，他们都不会太放在心上。这种乐观的特质能够在他们遭遇挫折的时候，为他们提供坚持下去的勇气和力量，即便在做事的时候遭受来自他人的打击，他们也不会受到太大的影响。

即便周围的环境和舆论都对他们不利，他们也不会动摇自身的想法，勇敢地朝着自己既定的目标前进，最终取得一番出色的成就。这种类型的人通常性格上大大咧咧、神经大条，不会在意细节，乐观的性格深受身边的亲朋好友的欢迎。但由于在生活中容易轻信他人，所以要注意提防小人暗中使绊子。

3. 一边洗澡一边想事情

很多人在洗澡的时候，脑子也不消停，无时无刻不在思考问题，即便是在一天中最舒服的洗澡时间里，也会让大脑处于思考的活跃状态。

思考的内容更是繁杂，无论是感情上的难题还是工作上的困境都会被他们拎出来反复思考，甚至把自己即将要做的事情列出一个清单来。把原本应该好好享受的时间，变成一个特殊的工作时段。

有这样一个习惯并不奇怪，因为洗澡时人们周围的环境相对来说比较安静，在这个时候思考问题会极少受到外部事物的干扰。而这个时候人的思维也较为清晰，思考问题时比较容易想通并找到解决的方法，无论对感情还是工作都能够起到非常大的帮助作用。

不过有时候人的确应该试着劳逸结合，就像橡皮筋一样，如果一直处于紧绷状态，丝毫不敢放松的话，时间一长橡皮筋就会失去原有的弹性。人也是如此，长时间的精神紧绷会让人的身心感到疲累，所以在该放松的时候，放纵自己，休息一下，也不失为一件美事。

4. 享受长时间的泡澡

在观看古装电视剧的时候，我们经常会看到这样的场景：帘幕重重、古色古香的房间中放着一架屏风，屏风后是一个木制的澡盆。澡盆中盛着适量的热水，水上面还浮着许多花瓣，而这种待遇是寻常人家难得享受的。

现代社会很多人也喜欢在洗澡的时候放上满满一浴缸的热水，躺进去舒舒服服地泡上大半天，令浑身的筋骨都得到舒展；或者是在忙碌的工作告一段落之后，专门找一处温泉，不远千里地泡上一泡。

这种类型的人一般非常懂得享受，只要条件允许，他们绝对不在生活质量上怠慢自己。他们享受放松、自在、舒适的生活状态，该好好享受的时候必然立即将自己调整至最放松的状态，抛下所有包袱，好好享受生活。

这种无压力的状态是最让人羡慕的。也许正是因为放下了包袱，没了压力，他们才能够沉着冷静地应对即将发生的事情，即便遇到突发状况，也能够迅速镇定下来，想出对策。

5. 一边洗澡一边做着白日梦

很多人的思维天马行空，在洗澡的时候往往喜欢做白日梦，随手拿起一边的沐浴露都能够当作话筒，想象自己是一个成功人士，言辞恳切地发表自己的看法，或者假装自己是中了大奖的幸运儿。

这样的行为可能很多人会觉得可笑，但敢于做梦的人自然有着丰富的想象力和创造力，人在做白日梦的时候往往也是最能够体现他自身丰富创造力和创新思维的时候。这种优势能够在工作和生活上起到积极作用，而且这种类型的人往往性格开朗乐观，充满了奋斗的勇气和对未来的希望。

他们自身特有的幽默感也能够吸引很多朋友，轻而易举就能够成为大家的开心果。在认识这个世界的时候，幽默感也为他们提供了一个非常特别的角度，在遭遇挫折的时候能够积极乐观地面对。但是需要注意的是，白日梦虽然非常美好，但毕竟是假的，想要将自己的天分充分利用起来，就需要脚踏实地，付出努力，才能够让自己的特长得以施展。

6. 洗一个简单迅速的战斗澡

有的人喜欢洗战斗澡，行动迅速，但这并非全是因为时间来不及，才匆匆忙忙洗个澡了事。也就是说，这种类型的人并非一定是有着强烈的时间观念的。恰恰相反，这种人的时间意识可能比较淡薄，即便有大把的时间能够让他们用于洗澡，他们也会速战速决，而多余的时间他们并不会用来做一些该做的事情，而是做一些自己感兴趣的事。

这种类型的人大多心地善良，在和他人相处的时候通常能够把他人的需求放在自己的需求之前，所以会有很多人愿意和他们做朋友。而且这种类型的人精力充沛，有着大把宏伟的计划亟待完成。有时候为了完成自己的计划，他们甚至会怠慢身边的亲朋好友，如果将注意力多投放在家庭或朋友身上，或许他们的人际关系会更加和睦、可靠。

第四节 睡姿心理透视

向恒是一名刚毕业的大学生，走出校门之后，他和同一届的同学迅速加入了找工作的大军。由于是刚毕业的学生，没有经验，所以很多公司给出的待遇并不丰厚，向恒左挑右选，才选中了一家稍微有发展前景的公司。

让他觉得意外的是，同系的李源和他在同一家公司实习。因为学校离工作的地方太远，所以向恒和李源商量着在外边找房子住。经过几天的忙碌，向恒和李源找到了一所正在出租的房子，因为房子里各个房间的门锁都是坏的，隔音效果也不是特别好，所以价格相对其他房子来说较为便宜。

向恒和李源对于这点倒没什么意见，都是男生，而且一个学校毕业，知根知底没什么好担心的。但这房子是三室一厅，这对向恒和李源来说实在有些大了，向恒为此担心了好一阵。后来李源安慰道："房子大怕什么，今年光咱们学校的毕业生就有不少，而且这房子附近写字楼里的公司这么多，肯定有人需要租房子的。我们都不用贴广告，直接回学校问一下，相信有不少同学愿意租。"

听完李源的话，向恒原本忐忑的心放了下来。向恒知道，李源在学校担任过学生会的干部，人脉比较广，他肯定能找来合租的同学。

果然，不出两天，李源便领过来两个想合租的男生。他们是张毅和任启新，也是他们学校的，只不过和向恒所学的专业不同，而且和李源关系还不错，都是实在人。

因此向恒也就没什么意见，几个人针对房租水电和分配家务的事情讨论了一下，最后分配模式是向恒、李源、张毅分别单独住一间，任启新住在客厅。然后四个人拍板决定趁热打铁，一起回学校开始搬家。

平时看着不多的铺盖衣服竟然让他们忙了整整一下午，直到日落西山他们才把该整理的都给整理好了，然后四个人买了几瓶啤酒和几个小菜，庆祝乔迁之喜，吃完便各自洗漱准备睡觉了。

向恒一直都有个习惯，就是认床，每次一换地方睡，他都很难睡着。刚搬来这所房子，向恒的老毛病就犯了，躺在床上翻来覆去地睡不着觉。可他睡不着不代表别人也睡不着啊，不知道谁的鼾声和打雷似的，更吵得向恒心烦意乱。

向恒本来想忍忍算了，结果另外一个人打鼾的声音竟然也响了起来，和之前的鼾声你来我往、此起彼伏地相唱和，半个小时都不停歇，这让向恒哭笑不得。他忍不住开灯走出房门，这时另外一个房间的张毅也走了出来，向恒问道："你怎么也没睡，难道你也认床？"

张毅有些无奈地说道："我睡觉轻，他们打鼾的声音实在太吵了，我是被他们吵醒了。"说话间张毅已经走到任启新的床边，看了任启新的睡姿，张毅不由得笑出声来，说道："这睡姿也太销魂了吧！"

向恒走上前看了任启新的睡姿，也笑了。原来任启新睡觉的时候竟然做出了一个超人飞天的姿势，看起来格外滑稽，不过睡得倒是挺沉的，两个人的对话声都没有吵醒他。张毅伸出手推了推任启新，让他翻了个身，打鼾的声音这才停了下来。

向恒又走到李源的房间门口，敲了敲门，李源没有回应，屋里仍旧鼾声如雷。向恒推门走了进去，不一会儿回头对着张毅说道：“你看这个的睡姿更销魂。”

张毅也走进房间看了看，李源睡觉也不老实，被子被他从床上踢了下来，枕头也掉下来了一半。李源整个人呈“大”字状摊在床上，张着嘴巴打鼾，睡得还挺沉。向恒走上前把李源推醒，叮嘱他不要打鼾，李源含糊地应了一声，又睡了过去。

张毅说：“看来这两个人的性格都挺不拘小节的。”向恒说：“你怎么看出来的？”张毅说：“睡姿啊，两个人都这么没防备，说明都是豪爽热情的人，没心没肺，大大咧咧的，平时肯定没什么烦恼。”向恒想了想平时两人的性格，忍不住点头称是。

人在睡觉的时候防备意识最弱，在这样一个全然放松的状态下，我们才会看到每个人的睡姿都不尽相同，甚至可以说是千奇百怪。心理学家认为，人们不自觉状态之下的睡觉姿势恰好反映了每个人的性格特点和心理状态。

英国睡眠评估和咨询服务机构通过问卷调查概括出六种睡眠姿势，每一种姿势正好对应着一种人格类型。那么，不同的睡姿分别代表了什么样的性格呢？我们不妨对照自己的睡姿来分析一下。

1. 婴儿式睡姿

婴儿式睡姿又叫害羞式睡姿，指的是人在睡觉的时候蜷缩成母体内胎儿的姿势。这种姿势在人们遭受挫折的时候最能够给人以安全感，在生活中也比较常见。一般来说，女性采用这种姿势的多于男性。

这种类型的人性格上大多外刚内柔，看上去十分坚强，为人强势，实际上在坚强的外表下却有着一颗非常敏感脆弱的心，缺乏安全感，渴望得到他人的认可和关怀，容易情绪化和多愁善感。在人际交往中，如果是初次见面，他们会表现得非常腼腆、害羞，但也能够很快放松下来。

2. 外交型睡姿

外交型睡姿又叫向往型睡姿、渴望型睡姿、思念型睡姿等，具体的姿势是身体偏向一侧，双臂向外伸展，与身体形成直角。这种类型的人往往性格开朗、自信，喜欢结交朋友，很容易接受他人，也很容易融进其他团体。性格中也有谨慎和多疑的成分，遇到事情的时候习惯翻来覆去地思量，显得优柔寡断，遇到挫折的时候有逃避问题的倾向。当他人提出与自己不同的意见时，往往很难被他们接受。

3. 海星式睡姿

海星式睡姿又叫智者型睡姿，指的是整个人仰躺，像一只海星一样平铺在床上，双臂上举放在枕头两边或者枕在脑后。这种类型的人通常非常聪明，虽然偶尔脑子里会有一些天马行空的荒诞想法，让旁人难以理解，但不影响他们的优秀表现。

他们在学习和工作上有着极高的热情，也有着自己的目标，并会根据自己的目标制订相应的计划。严以律己，宽以待人，做事的时候认真踏实有毅力，不逃避责任，也不会半途而废，拥有善于倾听和乐于助人的良好品质，在人际交往上一向得心应手。

这种类型的人虽然优秀，却不希望成为众人关注的焦点，面对家人和朋友的时候虽然体贴讲义气，却很难真正爱上一个人。

4. 保安式睡姿

保安式睡姿又叫树干型睡姿，指的是身体靠在床的一边平躺，双臂向下顺服地贴在两侧。这种类型的人一般性格随和，细心温柔，容易相处。他们待人真诚，爱交朋友，希望每分每秒都有人陪伴，喜欢和亲朋好友待在一起的感觉，讨厌自己一个人孤零零的状态。有的时候会因为轻信他人而上当受骗，在作重要决断的时候总是十分犹豫。

5. 五体投地式睡姿

五体投地式睡姿又叫自由落体型睡姿、逃避型睡姿、俯卧型睡姿等，指的是身体正面压着床铺，头侧向一边，双手放在枕头上，整个人趴在床上睡，占据整张床。这种类型的人常常随性洒脱，有着很强的自尊心，很有原则和自己的想法，只要是他们认准的事情，不论别人怎么评价，也无法动摇他们的想法。

在日常生活中，这种类型的人往往是完美主义者，希望能够掌控所有的事。不管是任何事情，他们都希望自己能够竭尽全力，做到尽善尽美。乐于助人，并且能从中获得强烈的愉悦感和满足感。在陌生人面前可能有些放不开，但到了熟人面前，却是十足的外向、开朗。

6. 坦白型睡姿

坦白型睡姿又称为平躺型睡姿、国王式睡姿，指的是安安稳稳地平躺在床上，四肢呈“大”字形摊开。这种类型的人大多是典型的乐天派，有着很强的自信心，行为举止极有分寸，也非常容易相处。为人处世有主见、不盲从，心态乐观积极，能给身边的人带来正能量，热情友好的态度能够帮助他们交到很多朋友。在理财方面的观念较为淡薄，会赚也能花，花起钱来大手大脚，没有节制。不过性格上也有爱多管闲事的成分，什么事情都喜欢插一脚，善于倾听，也喜欢讲八卦，经常“东家长西家短”地嚼舌根，不过有时候也能够提供很多有价值的建议。

第五节　走路姿势的心理透视

走路，在生活中是很多人都必须进行的一项活动，如果我们仔细观察的话不难发现，不同的人走路的姿势有着不同的特点。有的人走起路来风风火火，有的人却不疾不徐。就是走路这么一个再普通不过的行为，在美国联邦调查局的特工们看来却往往是寻找线索的关键，他们甚至会根据嫌犯走路的姿势来分析嫌犯的心理。

他们发现在不同的心理状况之下，每个人走路的姿势也有所差异。美国联邦调查局的资深行为心理专家罗伯特·K.雷斯勒说过："通过观察每一个犯罪嫌疑人的走路姿势，能够发现其在案件发生后的心理状况，寻找犯罪嫌疑人的破绽，从而找到最后的真相。"所以，我们在日常生活中，学会从观察别人的走路姿势以判断其心理状况，有利于我们阅读别人的心理，这样我们就可以和别人更好地相处，减少纠纷的发生。

这并不是没有科学依据的，心理学家经过研究发现，在人的身体上，离大脑最远的部位，其撒谎的可能性最小。而离大脑神经中枢越近的部位，可信度越低。所以我们可以发现，人的面部表情能够刻意伪装，不开心可以装出一副看上去完美的笑脸，没有动怒的人也可以装出板着脸生气的样子。

在现代社会，由于各种原因，我们需要和他人建立良好的人际关系，有时候我们不得不强颜欢笑，去营造一个和谐的社交氛围。生活中人们嬉笑怒骂的伪装度都非常高，一颦一笑都有可能在撒谎。有的时候我们也许还会刻意地用上手部动作来加强自己的可信度，可脚作为离大脑最远的身体部位，往往被大脑忽略，所以它远比人的面部表情和手势动作要诚实可信得多。

生活中，我们虽然不必像联邦调查局的特工一样时时刻刻分析他人走姿背后的心理，但是我们可以借助心理学的知识去分析不同走姿的人有着怎样的性格。生活中，常见的走路姿势一般分为以下几种：

1. 走路的时候步伐平缓

有的人走路的时候步伐平缓，看上去慢腾腾的，生怕下脚时踩坏了什么东西似的。不管旁边的人怎么着急上火地催促，他们始终是一副满不在乎的样子。这种类型的人大多非常注重现实，性格稳重，做事情的时候力求稳妥，凡事都三思而后行，绝不会好高骛远。他们不轻易相信他人，只相信自己所看到的，但如果能和他们成为朋友，会是一件很不错的事情，因为他们重信守诺，答应别人的事情一定会完成得非常完美。求真务实的精神能够让他们在事业上有着良好的发展。

2. 走路的时候步伐急促，风风火火

有的人走起路来风风火火，看上去很着急的样子，即便他们没有什么重要的事情需要在限定的时间内完成，他们也会像内心放了一个计时器一样，无形中催促自己快点儿走。这种类型的人大部分是典型的行动主义者，精明能干，做事风格爽朗明快且效率极高。

他们精力充沛，适应能力强，遇事不退缩，敢于面对生活中各种各样的挑战。做事爽快，绝不拖泥带水，也不会推卸责任，托付给他们的事情，他们能够完成得又快又好，是一个值得交的可靠朋友。

3. 走路的时候踱方步

走路的时候踱方步的人往往性格稳重，非常注重自己的形象，希望自己给他人留下完美的印象。所以他们会严格控制自己的身体形态，很少在众人面前开怀大笑，当然时刻保持自己的完美形象也是非常累的，这种累指的不仅仅是身体上的，还有精神上的疲惫。因为随时要把自己伪装成一副威严的样子，别人看到自然心生敬畏，不会主动亲近他们。所以在独处的时候，他们的内心也常常感到压抑。

这种类型的人一般涉世较深，比其他人更懂得人情冷暖，所以情商也比较高，在人际交往方面不会有太大的障碍。在生活和工作中不管遭遇了什么样的困难，他们都能够保持头脑清醒，以便理智地进行思考。他们很少让外部事物影响自己的认知、思考和分析能力。

4. 走路的时候姿势如军人一样

有些人走路的时候如同军人出军操一般，步伐坚定，双手在身侧整齐地摆动。这种类型的人通常有着很强的意志力和坚定的信念，他们认定的想法和所决定的事情不会因为外界的干扰而改变，有时候甚至愿意付出任何代价去达到自己的目标。

在事业方面，如果他们能够充分发挥自己专注、执着、超强的组织能力和不达目的誓不罢休的长处，那么一定会获得很大的成功。但他们在居于上位的时候，由于性格中有独断专行的成分，他们的处世风格甚至有些“独裁”，会让下属们苦不堪言。在爱情方面，如果他们认定了自己喜欢的对象，就算死缠烂打，也一定要把对方追到手。

5. 走路的时候身体微微前倾

有的人明明还非常年轻，走路的时候却习惯性地将身体向前倾斜，看上去像老年人一样佝偻着腰，但步伐十分稳健。这种类型的人大多性格内向，在面对异性的时候甚至会脸红，待人接物的态度温柔谦和，有着良好的修养。

他们不善言辞，与他人相处的时候也不会说太多的奉承话，但他们十分珍惜友谊，朋友有困难的时候他们总是义不容辞地伸出援手。

6. 走路的时候左摇右摆

有的人明明没有喝醉酒，走路的时候却像个醉鬼一样左摇右摆，这种走姿一般多发生在女性身上。说起走路摇摆，有人会想起“摇曳生姿”这样的词汇，可能会对采取这种走姿的女性产生“为人轻浮”的印象。但走路左摇右摆并不是说这样走路的女性一定行为放荡。

这种类型的人一般心地善良，性格热情奔放，容易相处，待人接物率真坦荡。在他人遇到困难的时候，他们总是乐于伸出援手且施恩不望报，所以他们有着非常融洽的人际关系。虽然他们说话的时候百无禁忌，且喜欢吸引众人的目光，但他们忠于爱情和婚姻，家庭关系非常和睦。

7. 走路的时候昂首挺胸

有的人走路的时候抬头挺胸、大步往前，这种类型的人一看就是非常自信、独立的人。他们注重自己的形象，希望自己出现在众人面前的时候是仪容端正、衣帽整洁的。但他们有时以自我为中心和羞怯的性格使得他们并不热衷于人际交往，即使遇到了无法解决的困难，也不向别人开口求助。在工作方面他们有着很强的组织能力、判断能力和决断力，思考问题时也能够面面俱到，不会忽略微小的细节，做事情之前会先制订出计划，让自己的工作显得更有条理。

但由于缺乏毅力，他们做事情往往只有三分钟热度，身上的能力也不能得以充分施展。所谓“言语上的巨人，行动上的矮子”，用来形容他们再合适不过。

第六节　人们为什么喜欢照镜子?

李彤有一个非常爱美的室友乐乐，当然乐乐也非常自恋，镜子是乐乐买得最多的一样东西了。光是在宿舍里就放着乐乐购买的全身镜、半身镜、化妆镜等。这还不算，在她的文具袋里、书包里都放有一面小镜子。就连平时上课的时候，她也会在桌子上放一面镜子，以便自己低头就能照镜子。

她会时不时地把镜子拿出来照一下，有时候整理一下发型，有时候补补妆，有时候则什么都不做。即便其他人告诉乐乐她的妆容已经非常完美，并不需要补妆，乐乐也依旧会从包包里拿出镜子，仔仔细细端详大半天，同学们都打趣说乐乐每天生活在镜子迷宫里。

李彤和另外一个室友楚岚两个人都觉得乐乐照镜子的次数太过频繁了，频繁得都有些不正常了。有一次，乐乐正在照镜子的时候，李彤忍不住问乐乐："乐乐，你有没有忘记带镜子出门的时候？如果出了门发现没有带镜子，你会专门回去拿吗？"

乐乐笑着说："怎么可能！镜子和手机、钱包同等重要，我就算不记得带钱包，也会记得带镜子的，这可是生活的必需品，我怎么会忘记呢！"

楚岚有些好奇地问："难道你真的没有一次忘记带镜子的经历吗？"乐乐对着镜子撩了撩自己的头发说："即便忘带了我也会回去拿的呀！不过，好像是有那么一回忘记带镜子了，一整天心里都不踏实，感觉心里空落落的，就像你们出门忘记锁门一样。"

李彤听完非常吃惊地说道："镜子这么不起眼，又没什么其他作用，怎么能和带手机、带钱包、锁门这么重要的事情相提并论呢？”乐乐说：“你们不懂，我喜欢照镜子的心理和楚岚看见包包走不动路的心理是一样的。楚岚是见到喜欢的包包就想买，我是忍不住地想照照镜子，镜子这么小放在包里又不占地方。再说了，我长得这么漂亮，自己不多看看光让别人看，那我多亏呀！”

如果乐乐只是平时照照镜子，不会因为爱美耽误重要的事情还好。但没想到乐乐居然会因为照镜子耽误了面试的事。

这一天，李彤和乐乐、楚岚三个人一起去一家公司参加面试，由于前一天晚上三个人整理面试资料耽搁得太晚，结果三个人集体起晚了。于是，她们匆匆忙忙收拾了一下东西便出门了，快走到公交站牌的时候，乐乐才发现自己平时最爱的小镜子居然忘了拿，她本来想要回去拿，被李彤和楚岚好说歹说才劝住了。

可接下来李彤和楚岚也真真切切地知道了乐乐有多么喜欢照镜子了。一路上不管是商店的橱窗还是路边停靠的车辆，凡是能照出人影的地方，乐乐都要停一停、照一照。李彤甚至怀疑，哪怕只是一个能照出人影的水坑，乐乐也会停下来照上半天。本来时间都已经来不及了，乐乐还这样拖后腿，李彤和楚岚两个人脸色都不太好看。

在公交站牌下，李彤和楚岚两个人焦急地等公车，乐乐却不慌不忙地站到附近停的一辆车旁，用车的后视镜照了起来。公交车来了之后李彤和楚岚两人叫了乐乐许多遍，她才恋恋不舍地走上公交车。

上车之后乘车的人很多，没有座位，三个人不得不站着，路途颠簸再加上车厢拥挤，他们必须腾出一只手扶着车厢内的把手才能站稳。即便在这种情况下，乐乐也依旧不忘记拿出手机，打开前置摄像头照个没完。

本来李彤就因为面试要迟到的事情心怀不满，便说道：“乐乐，你这会儿能不能不臭美了，面试的资料你都记住了吗？再自恋你也得分清楚轻重缓急啊！”楚岚也附和道：“是啊，本来我们起得就晚，你还拖拖拉拉的，你就不能等面试完再照镜子吗？”乐乐被两个人合起伙来谴责，显得有些委屈：“我也知道，可是……我就是忍不住啊！不照照镜子，总觉得少了什么东西。”

在古希腊的神话传说中，美丽的王子在河边看到了自己的倒影，从此陷入了对自己倒影的苦恋之中。因为担心水中的美人离去，而丝毫不敢远离，紧紧盯着水中美丽的倒影，不眠不休，日渐消瘦，最终跳到水里，和自己的影子永远待在了一起。后来在王子跳河的地方长出了一朵水仙花。由此，水仙花便代表着自恋。在中国古代，镜子的出现非常早，正是有了镜子这一神器，人们才不必再跑到河边去顾影自怜。镜子这一物品看似不起眼，实则为我们的生活提供了很大的便利。

很多人都认为喜欢照镜子是自恋的表现，只有那些极度自恋的人才会喜欢时不时地照镜子。其实这样的看法失之偏颇，爱美是人的天性，生活中人们喜欢照镜子也是一种非常正常的现象。

心理学家经过研究发现，在照镜子的时候，我们的大脑会进行一定程度的脑补和美化，所以我们在镜子中观察到的自己，实际上比真实的自己要好看一些。自恋的人的确喜欢照镜子，因为这能够给他们带来强烈的心理认同感。人多少都有以自我为中心的倾向，所以最喜欢的也是自己和与自己相关的事物，对于镜子中的自己自然更加偏爱。

提到喜欢照镜子，可能很多人脑海中最先出现的都是女性，在汉乐府诗集《木兰诗》中，也曾出现过花木兰从军中回到家之后“当窗理云鬓，对镜贴花黄”的场景。一般来说，女性照镜子的频率的确比男性要高很多。

女性天生爱美，而镜子是最能够帮助女性映照外表优缺点的工具。正是因为有了镜子的存在，女性才能够根据镜子中反馈的信息巧妙地突出自身的优势，隐藏自身的短处，将自己最优秀的状态呈现在众人面前。

所以女性喜欢照镜子也就无可厚非了，但这并不是说男性就不喜欢照镜子。实际上，男性喜欢照镜子的也不在少数，爱美之心人皆有之，区别只在于程度不同。

更有心理学家认为，男性实际上比女性更为自恋，因为女性在照镜子的时候尚且会注意到自己的缺点，并不自觉地放大这一缺点；男性则是即便观察到了自身的缺点，也会人为地加以忽略，认为一点儿小小的瑕疵并不会影响自己的英俊帅气。

照镜子也说明了人们对自身形象的重视，经常照镜子的人一般来说有以下几种心态：

1. 照镜子只是为了自我欣赏

很多人在照镜子的时候并不十分刻意，往往只是路过了才会走上前去照一照，这种心态纯粹只是为了自我欣赏，看看自己优美的面容和身姿，从中获得愉悦感和满足感。

2. 为了获得对自我身份的肯定

有些人照镜子的时候只是为了通过镜子看到自身的形象，来增强对自我身份的认同。这些人对自己的身份认同感非常强烈。当他的社会角色发生转变时，他也会改变妆容和服饰去实现对新身份的认同。比如，当一个刚刚步入社会的学生想要像一个上班族一样成熟、精干的时候，他会经常性地照镜子，以便搭配服饰、调整妆容，以此塑造出更符合内心期望的形象，借此来获得自我认同感。

3. 因为过度自恋或极度缺乏自信

很多人会因为自恋而喜欢照镜子，不仅一照照上大半天，甚至还会异想天开地和镜子进行对话。这种类型的人过度关注自己，对外界和他人的关注非常弱，所以往往沉浸在自己的世界里无法自拔。

极度缺乏自信的人也喜欢照镜子，这看起来似乎有些不合常理，但实际上内心越自卑的人越需要通过镜子来观察自己的仪容仪表是否得体，有没有在人前丢脸。镜子则能够很好地帮助他们肯定自我，认同自我。

虽然镜子在我们的生活中起到的作用不容小觑，但是任何事情都有一个限度，过度了反而有害。英国的心理学家经过研究证明，经常照镜子会导致人的心理压力增加。根据一份有关照镜子的调查显示，80% 的人在照镜子的时候都对自己在镜子中的形象感到不满。

举例来说，如果一个喜欢照镜子的女孩脸上突然长出了青春痘，那么她在照镜子的时候，必然会特别注意这颗青春痘，每天早上照镜子的时候关注的重点便是脸上这个痘痘有没有消下去，如果没有便会非常焦虑，并对自己的容貌丧失信心，甚至不愿意出门见人。

心理学家经过调查研究发现，那些不经常照镜子的人，在照镜子的时候往往会更注意自己喜欢的身体部位，照镜子的时间长了，注意力则会逐渐转移到自己不太满意的身体部位。而那些喜欢照镜子的人则往往把自己的注意力直接集中到自己并不是特别满意的身体部位，忽略自己的优点，给自己带来沉重的心理负担。所以说照镜子这一行为也要适可而止。

如果出现频繁照镜子的行为，且不照就会心情烦躁，影响到学习、工作和生活，就要考虑一下是不是患上了强迫症，需要从心理医生那里寻求帮助了。

第七节　人们为什么揉烂购物小票？

放暑假的时候，林琦去找上大学的姐姐林瑜玩儿，虽然林瑜一如既往地欢迎妹妹的到来，但林琦还是发现了姐姐不太对劲的地方。白天的时候姐姐虽然带着自己到游乐场、步行街等地方玩儿，但细心的林琦发现姐姐总会时不时地走神，有时候还会莫名其妙的情绪暴躁。

毕竟是自己的姐姐，林琦觉得姐姐一定是遇到什么棘手的问题了，可就在林琦询问她是不是有什么心事的时候，林瑜只是安慰性地揉一把林琦的头发说："没什么，都是一些小事。你玩你的，什么都不用担心。"

然后就什么话也不肯说了，林琦的直觉告诉她，姐姐肯定有事瞒着自己，但是为什么姐姐要装作若无其事的样子，什么都不说呢？正在她苦思冥想不知道该如何了解姐姐的心事的时候，林琦的电话响了，原来是闺密璐璐打来电话问她的旅程怎么样了。

林琦被她一问暂时将之前姐姐的问题抛到了脑后，兴奋地说起了在姐姐这边的所见所闻。不过提到姐姐林瑜的时候，林琦总是忍不住有些惆怅，情绪低落，说话也变得有些犹豫。璐璐敏锐地察觉到了林琦的情绪变化，便问道："你在你姐姐那边是不是过得不太开心？"

林琦说："也不是不开心，就是我姐姐好像是遇到什么事情了，但是我问她的时候，她又什么也不说，我也说不准我的感觉对不对，这让我觉得有点儿担心。"璐璐问："你姐姐有什么不对劲儿的地方？除了发呆之外，她最近还有没有什么其他小动作？"

林琦想了想说："好像也没有什么，对了，她的毕业论文反复修改了很多次，之前打印出来的稿子作废之后她要么把它们揉成一团，要么就撕得粉碎，她之前都没有这个习惯的。还有我和她一起逛超市，结账时收银员给的小票没过检的时候她就把票揉成一团了，她以前不这样的。”

璐璐说：“我觉得你姐肯定是被什么重大的难题困扰住了，揉纸团、撕购物小票这些行为显然说明她心理上很有压力才下意识地用这种行为进行转移和缓解。你可以找个合适的时机和你姐姐好好谈一谈，就算你帮不上忙，有人肯听她倾诉烦恼对她来说也是有一定好处的。”

结果，林琦趁着林瑜宿舍的其他人都出去的时候又一次问了林瑜，这一次她没有被林瑜敷衍过去，在林琦的追问之下林瑜才说出了自己的烦恼，原来今年林瑜已经是大四了，摆在她面前的有两条路，一条是读研，另一条是出去找工作。因为林琦马上要上大学了，家里供养两个大学生的话，父母的负担也太重了，她不想让爸妈那么辛苦，所以她不打算考研了。

但是她在学校交的男朋友希望她能够一起考研，两个人本来感情非常融洽，可因为这件事情，他们已经不知道吵了多少次架。林琦听完林瑜的话说道：“我知道你有自己的考虑，但是我觉得爸妈是支持你考研的，不管你作出什么样的决定，我都希望你能和爸妈商量一下，不要擅自作决定。你烦恼得吃不下、睡不好也并不能解决问题，不如听听爸妈的意见。”

林瑜点了点头，第二天直接和父母打电话说了这件事，幸运的是林瑜的父母对于林瑜考研的事情非常支持，一家人商量了一下，决定让林瑜继续考研，林琦也和姐姐商量好要半工半读减轻父母的负担，林瑜和男朋友的矛盾也就此解决了。

日常生活中如果我们仔细观察的话不难发现，在超市的收银台附近，总有顾客丢下的小票，这些小票有的是整齐的，有的则是被揉作一团，还有的小票被撕得粉碎。心理学家们通过观察人们对待这些小票的方式，发现人们背后的心理状态也各不相同。

其中最有代表性的就是喜欢把购物小票揉成一团的人，这种类型的人大多属于性格敏感型。他们容易积压精神压力，也容易忧虑。在遇到困难的时候往往不愿直面精神压力的来源，而是通过其他的方式来缓解精神上的压力和情绪上的紧张。

每个人在学习、工作和生活上都会遇到这样那样的难题，这些难题由于难以解决，自然会给很多人带来严重的精神压力。当问题无法解决的时候，人们会下意识地从其他的渠道进行发泄，我们在电视剧上经常能够看到这样的画面，夫妻吵架的时候，最先遭殃的肯定是房间里的杯子、盘子、碗等物品，很多怒火中烧的人都会把手边的物体摔到地上。

生活中这些情景也很常见，人在心理压力比较大，精神紧张，内心存在着对某些事或某种行为不满的时候总会想要通过其他的方式来为自己的情绪找一个发泄出口，这其实就是心理学上的一种转移行为。

转移行为的具体形式会因为每个人的爱好和习惯的不同而有所差异。在前一段时间曾经兴起了一个新的群体——“捏捏族”，所谓“捏捏族”大多数由年轻的白领组成。由于生存竞争愈加激烈，生活压力也大大增加，很多人调解不过来自己的心理状态，为了发泄内心的郁闷和压抑，他们会在下班时间或周末的时候跑到超市里，趁着超市工作人员不注意把货架上的方便面拿过来捏得粉碎，借助虐待食品的方式来宣泄情绪上的不满，缓解内心的压力。甚至还有人会把饼干捏碎，拧开饮料的瓶盖，戳破酸奶的盖，把蛋糕、速冻水饺等的包装损坏等。

电影《阿甘正传》中的主角阿甘在心情烦闷或者受到打击的时候会选择用奔跑的方式来宣泄内心的负面情绪，其实这些都是转移行为的一种，而有些人在不自觉的情况下把发票或稿纸揉成一团或者撕得粉碎的行为，相对去超市捏方便面来说比较无公害。虽然这样的行为并不能够让我们达到解决问题的目的，但至少在情绪发泄上起到了积极的作用，很多人把内心的不满宣泄到小纸片上之后，情绪会很快稳定下来，这种平静的状态有利于大脑思考问题。

如果能够了解自身精神压力的来源，并且通过一些更加健康积极的方式宣泄负面情绪的话，这种转移行为不失为一种明智的做法，如我们可以选择跑步或是打沙袋等运动来宣泄，同时也能够起到强身健体的作用，一举两得。

我们也可以效仿很多女性的做法，在心情烦闷的时候把房间收拾一遍，或者把家里的卫生打扫一下也能够有效发泄情绪、平复心性。采取正确的转移方式才能够在一定程度上帮助我们解决问题，如果我们在不开心的时候选择迁怒他人或者破坏公物等损害他人利益的行为来宣泄负面情绪的话，反而会适得其反，让事情变得更糟糕。

第八节　你选择哪个座位？

王帅和室友秦明、庞磊一同外出游玩。他们在等公交车的时候，听到旁边有一对情侣在悄声交谈，男生说：“等会儿上车后，我们直接坐在最后面靠窗的位置。”女孩：“为什么要去最后面？太麻烦了。如果前面有空位就直接坐前面吧。”

见此情景，王帅也问秦明和庞磊：“你们平时坐公交车都喜欢坐哪个位置？”秦明低头沉思片刻说：“我和那位男生一样喜欢坐在最后面，但我不太喜欢靠窗的位置，也不喜欢别人刚坐过的位置。如果旁边有人的话，我还会看那个人的长相来决定到底要不要坐下。”王帅和庞磊齐声高呼：“大哥，这是公交车，不是你的私家车，有位置坐已经很不错了，为什么还要看旁边人的长相呢？”

秦明：“一种直觉吧。如果那个人看起来很顺眼，我当然会坐下；如果那个人给我的第一感觉非常不好，我宁愿站着，也不会过去坐下。”

庞磊接着秦明的话说：“我一般都是哪里有位置就坐哪里，但如果真要选择最喜欢的位置，我更喜欢坐在司机后面的位置。”王帅则笑着说：“我喜欢车辆中间靠窗或者靠近车门的位置。”

随着心理学的普及，很多公司在招聘时除了考察应聘者最基本的专业素养以外，还会以心理调查问卷、心理测试等方式对其心理素质进行详细的测量和评估。其中，应聘者在乘坐公交车、地铁、私家车以及应聘时的位置选择也是考察的内容之一。

座位的选择看似随意而无意识，但在心理学上，座位间的物理距离也代表着人们彼此之间的心理距离，座位的方向与位置的选择巧妙地反映出人们内心深处的心理需求。

心理学家通过对人们乘坐公共交通工具时的座位选择行为进行大量的调查和分析后，总结出了以下几条关于座位选择的规律，并对隐藏在其背后的微行为心理进行了详细分析：

1. 喜欢坐靠后位置

来自意大利的非语言交流学家马克·帕可利对人们在车厢中的座位选择进行多年研究后发现："一辆空荡荡的公交车上，人们一般都不会选择第一排座位（这排位子通常到了位置较为稀缺，人们别无选择时才会被坐满)。"

针对这一细微的行为，心理学家将其解释为人们"潜意识中的安全心理需要"，要求自己与他人保持距离，即"边界效应"。

"边界效应"是由心理学家德克·德·琼治提出的，相对于空间开阔的中间地带，人们更喜欢区域的边缘地带，处在边缘地带能够满足人们在人际交往中的安全需求。

当人们坐在第一排位置时，也就意味着无法对后面的人以及后面的环境进行及时的观察和判断，会感到一种潜在的威胁。因此，为了消除这种隐形的不安全感，尤其是一些性格较为敏感和自我保护意识强烈的人，通常更喜欢优先选择靠后的位置。

2. 更喜欢坐与车辆行驶方向一致的位置

心理学家认为，这是因为相对于与车辆行驶方向相反的位置，与车辆行驶方向一致的位置能够更清楚地观察窗外的环境，了解更全面的路况以及行驶信息等，心理上也会感到更加安全和舒适。

3. 喜欢坐在靠近车门及车厢中间的位置

挑选位置时，选择靠近车门以及车厢中间位置的人通常更具有危机意识和逃生本能。他们不相信他人，在做事情时往往缺少投入感，总想为自己留一条后路；喜欢坐在司机后面位置的人在与人交谈时经常引用他人的观点，缺乏自己的观点和主张。靠近司机反映的就是一种依赖专业人士和权威的心理需求。

4. 喜欢坐在靠窗位置

此类人通常比较喜欢思考，生活中遇到事情或者需要作决定时必须经过深思熟虑，性格较为慎重。此外，喜欢坐在靠窗位置，将自己与他人从空间上隔离开来的人，他们在生活中较之他人更注重隐私，更喜欢做白日梦，并不过分看重名誉、地位、金钱等外在的东西，不愿意过多参与或者将自己置身于是非恩怨中。

5. 喜欢和看着顺眼的人坐在一起

喜欢基于“第一印象”，选择那些看着更顺眼的人相邻而坐的人，通常有着较强的警惕心理和自我防御意识；喜欢选择过道位置的人则拥有较强的控制欲，不喜欢受到约束，具备实干精神。

6. 不喜欢坐他人坐过的位置

不喜欢他人刚坐过、留有余温的座位的人通常比较挑剔、喜欢干净，较为敏感，有不同程度的洁癖和强迫症。他们不仅难以接纳自己，也很难接纳和承认他人。

第九节　你怎样拿杯子？

薛小蓉和张璃是两名大一新生，两人住在同一个宿舍，是上下铺。又因为她们有着同样的爱好，所以两个人的关系比同宿舍的其他女生要亲近得多。两个人都喜欢吉他，便一起加入了学校的吉他社团。

社团里的成员很多，有大一的新生，也有学长学姐，大家班级不同，院系也不同，聚到一起全凭爱好。薛小蓉和张璃两个人都不是那种自来熟的女生，对于人际关系不是特别擅长，也不会特意找谁聊天，因此在社团中几乎是透明人。两个月过去了，她们除了彼此，就认识社长和副社长两个人，从来没有和社团的其他成员搭过话。

由于社团中大四的学长们即将毕业，需要选出新的社长进行工作交接，也需要给社团中的学长、学姐开一个欢送会，并加深对社团新成员的了解，所以在周末的时候，吉他社团举行了一次全体成员的聚会。

聚会选在了一个饭店的大包厢中，薛小蓉和张璃两个人非常忐忑，因为她们都不认识社团的其他成员，所以彼此约好了到时候一起过去，省得一个人待着孤零零的。可没想到中间出了点儿变故，就在薛小蓉来到饭店门口的时候，张璃打来电话说辅导员临时找她有事，聚会她可能会迟到，托薛小蓉替她和社长说一声。

薛小蓉觉得非常为难，如果不需要帮张璃带话，她当然可以转身就走，可偏偏她答应了张璃的请求，而且之前已经和社长说好了聚会一定会到场，如果不去的话未免失信于人，但是要是她进入一个认识的人也没有的包厢该怎么办呢？

到时候别人都聊得欢畅，她自己连个说话的人都没有该多尴尬，何况其他人肯定会找社长和副社长说话，社长未必顾得上自己。就在她犹豫不决的时候，她的手机收到了信息，薛小蓉打开一看是社长发来的问她怎么还没到。

薛小蓉想了想，不就是参加个聚会吗？有什么好犹豫的，以后还有更多的人要接触，如果这样的场面都应付不了，那她以后怎么和社团里的人交流呢！想到这些她鼓起勇气走进了饭店。

走到门口的时候她看到包厢里场面果然十分热闹，有的社团成员像认识了很久一样聊得十分欢畅，聊得渴了，还端起杯子喝水，薛小蓉仔细观察了一阵，走到了两个女生旁边问道："你们好，这边有人吗？"两个女生友好地笑了笑说："这里没人，你坐吧。"薛小蓉坐下问道："你们两个认识很久了吗？"两个女生不约而同地摆手道："没有，没有，我们也是刚刚才认识的。"一个长头发的女生好奇地凑上来问道："对了同学，你是哪个班的？我之前怎么没有在吉他社见过你？"另外一个女生说："是呀，我好像也没有见过你，你是刚入学的新生吗？"薛小蓉笑着一一回答了她们的问题。

张璃来的时候见到的就是薛小蓉和两个不认识的女生相谈甚欢的画面，她走上前和薛小蓉打招呼，另外两个女生也主动上来与她说话，四个人很快成了朋友。回去的路上，张璃问道："你不是也不善于交际吗？怎么我就晚了一会儿你就认识了两个女生，这两个女生性格还这么开朗！"

薛小蓉说："我刚进包厢的时候观察了一下几个社团成员，发现这两个女生端杯子的时候都是端着杯子的上方，所以我判断这两个女生的性格豪爽，乐于交朋友，就走上前去和她们搭话了，后来事实证明我的判断一点儿错都没有。"

张璃惊奇地问道："端杯子的方式还能看出人的性格是不是开朗，爱不爱交朋友吗？"薛小蓉说："当然了，性格不同的人端杯子的方式也不相同，你要是感兴趣，回头我教教你，保管你也能从人家端杯子的方式看出对方的性格。"

日常生活中，我们总需要喝水，杯子就是水的载体，尤其在聚会中，杯子这种东西更是常见。有时候我们可能并不了解他人的秉性，但是我们总能从他们的一些习惯中找到蛛丝马迹，那么通过解读端杯子的方式来解析一个人的性格特征也就不是什么难题了。

在端杯子的小小动作中往往隐藏着大量的信息，只要我们准确解析，就能够迅速了解身边陌生人的性格特点。心理学家通过大量的观察和研究发现，人们端杯子的方式有如下几种：

1. 喜欢手握杯子的上部

喜欢手握杯子上方的人通常性格乐观开朗，是个乐天知命、不拘小节的人，没有任何心理负担。他们爱交朋友，对于周围的环境非常放心，这种放心直接表现在他们待人接物的方式上，饭桌上一边吃吃喝喝，一边和他人交谈的人一定是他们，而在聚会中他们也往往是高声畅谈、炒热气氛的人。

2. 喜欢手握杯子中央

喜欢手握杯子中央部分的人大多性格温和宽容，平易近人，他们对周围环境有着极强的适应性，待人接物都非常友善和礼貌，是公认的“好好先生”。此外，他们做事情也比较细心，对于朋友托付的事情即便内心不愿意，却总能尽力去做好，在说话时也能够巧妙地顺着对方的思路说下去，交际手腕和情商都非常高。

3. 喜欢手握杯子的底部

喜欢手握杯子底部的人往往是理想主义者，性格腼腆，小心谨慎，内心敏感脆弱，情绪的反应也比较复杂多变，甚至有些神经质，常常能够注意到常人忽略的细节。和他们相处有一定的难度，因为他们有时会因为一些微不足道的小事而闹别扭，会在交流的时候去注意他人所说的话中有没有弦外之音，这种过于敏感的性格容易使他们的人际关系受到损害。

这种性格的人的优势在于他们往往具有艺术家的天分，在企业中是出谋划策、奇计频出的人才。其缺点则是遭遇挫折和打击时，容易灰心。

4. 喜欢以两手紧握杯子

喜欢以两手紧握杯子的人通常性格孤僻，经常独来独往，但多半内心空虚，缺乏安全感，需要他人慰藉。他们比他人更容易感受到孤独寂寞，也更容易依赖他人，所以他们强烈希望拥有融洽的人际关系，希望自己能够迅速和其他人打成一片，只是他们往往很难融入谈话，容易造成话不投机半句多的局面。

5. 喜欢一只手握杯子，另一只手夹着香烟

喜欢一只手握杯子，另一只手夹着香烟的人大多非常自信，口才很好，说服能力强，能够发挥自己所长，在处理人际关系上也是一把好手，是个交际型人才。如果他愿意的话，无论面对什么样的人他都能够迅速和对方建立融洽的人际关系，但这种人往往不希望自己被人打扰。

除了端杯子的方式之外，端杯子时经常做的小动作也能够暴露出人内心的真实感受。

有些人喝水的时候不停地摇晃杯子，说明他们目前正在被一些事情所困扰，导致心情烦闷，无心做其他事情，对当前的局面也没有丝毫兴趣，所以干脆通过这种单调乏味的小动作解闷。这种类型的人具有严重的不安全感，但好奇心强，对于任何事物都有尝试欲，喜欢到处走走，不喜欢单调、毫无波澜的生活。

有些人喝水的时候用手指敲打杯子，说明他们有些焦虑，所以要通过这样的小动作缓解内心的紧张和不安。

还有些人喝水的时候用指甲不停地刮杯子发出刺耳的声音，这说明其内心可能感到愤怒，充满破坏欲，需要通过这种具有毁坏倾向的行为来缓解暴躁的情绪。

第十节 人们为什么反复擦拭眼镜？

李硕是一名初中生，他从小就很聪明而且意志比较坚定，肯为学业付出努力。平时班上的同学玩游戏的时候他都在看书，所以他的学习成绩在班级上一直都处于中上游水平。

初三下半学期，李硕的班主任找他到办公室里谈话，班主任不建议他直接升入本学校的高中部，而是建议他的父母再给他挑选一个师资力量雄厚、教育水平高的高中就学，这样对他将来的学业更有好处。

班主任希望李硕能够和父母好好讨论一下这个问题，并给李硕推荐了几所本市教育质量较高的学校。李硕带着班主任的嘱托回到了家里，李妈妈正在厨房做晚饭，李硕在自己的房间里做了一会儿作业，忽然听到门响了，听对话知道是爸爸回来了。

本打算立刻出去和爸爸说班主任提到的事情，可他看了看一脸疲劳的爸爸又觉得这个时机不是很适合，李硕想了想决定吃过晚饭后和爸爸商量这件事。一家人吃过晚饭后，李硕向爸爸传达了班主任的建议，李硕的妈妈对孩子的教育问题了解的不是很多，大事一般都是交给李硕的爸爸作决定，所以便起身去给他们洗水果。

李硕的爸爸听完李硕的话没有迅速做出反应，而是摘下自己的眼镜，拿出眼镜布擦了起来。正在看电视的妈妈见状拿过遥控器把电视的音量调小了。李硕发现爸爸擦眼镜这个动作非常频繁，上次妈妈提出换一个大屏电视时，爸爸就曾经将自己的眼镜摘下来反复擦拭，还有之前帮姐姐挑选大学的时候，爸爸也做了这个动作。

李硕有些想不通，便小声问一旁的妈妈：“为什么爸爸不说话，他一直擦眼镜是什么意思？”妈妈说：“你爸正考虑呢，你让他好好想想。”李硕说道：“不就是选个学校吗？这有什么好想的。”李硕的爸爸听到笑着说：“你小孩子想得少，我自然要多考虑一下，这不仅仅是你换个学校的问题，我和你妈当初之所以在这里买房子就是考虑到离你现在的学校近，交通便利，而且你们学校的教育水平不错，既有初中部，又有高中部，上学方便，谁知道你们学校这几年人才流失得这么严重，师资力量跟不上了。”

李硕发现爸爸说话的时候他的手也在无意识地擦眼镜，李硕有些低落地问道：“那我还在我们学校上高中吗？”李硕的爸爸说：“不在这里上了，你的班主任比我们了解你的学习状况，他说的肯定是对你的学习有帮助的，但是如果去市一高上的话离家太远了，也没有直达车，我们不放心，再说你又不喜欢和别人住在一块儿。所以我刚才想出了两种解决方案，一是买辆车，我每天早点儿起来送你上学，二是干脆在学校附近给你租个房子，你觉得你能接受哪一种？”

李硕不想让爸爸那么辛苦便选择了第二种。爸爸听完之后笑着说那就先这么决定了，一边说一边戴上擦拭了大半天的眼镜。

生活中，我们发现很多人在说话的时候会经常把眼镜取下来，反复擦拭镜片，有时候镜片甚至都不脏他们却还是会不断重复这一行为，尤其在作决定的时候，这一动作会频繁出现，这是什么原因呢？

心理学家认为习惯做这一动作的人极有可能是处于一种非常迷茫的状态之下，这是一种无意识的迷茫，他们的大脑正在不停地运转，思考着困扰他们的问题。因为有着拖延时间的需要所以才会做出这种频繁摘下眼镜，反复擦拭眼镜片或咬着眼镜腿的无意识行为。这样做能够有效帮助他们赢得思考的时间，厘清自己的思路，以便想出最合理的解决方案。

英国著名的身体语言大师亚伦·皮斯和芭芭拉·皮斯经过多年研究后发现，当人们心中紧张、焦虑不安，或者有难以下决心的事情时，脑部的神经元会产生不舒服的体验。这种体验会直接传达到人的面部，令人产生面部刺痒的感觉，就像人在说谎的时候鼻子会痒一样。说谎的人为了缓解这种不舒服的感觉就会摩挲鼻子，而焦虑的人则是下意识摘下眼镜，借此来减轻这种不舒服的感觉。

此外，在人们的潜意识中，如果要为一件非常重要的事情作决定，那么内心肯定希望自己能够看清前因后果和所有有关因素，这时候他们希望能够擦亮自己的双眼。而眼镜这个本来帮助人们看清世界的物体就在无意之间被人们认作阻隔视线的障碍物，所以要摘下来，以便自己更“清楚”地看到这个世界。

所以在和他人进行交流或有重要的事情需要对方作决定的时候，如果对方做出了摘下眼镜、反复擦拭镜片的举动，我们就可以得知对方心中的犹豫和茫然失措的状态。这个时候我们不妨停下来，营造一个安静的、适合思考的环境，让对方考虑清楚。当然，如果能够给他人提供一些合理的建议就更好了，这对我们自己的人际关系也有着一定的助益。

其实在日常生活中，每个人都有自己下意识的小动作，只要我们留意观察便能够发现，而一旦了解了这些小动作背后所代表的性格和心理特征，我们便能够更加快捷地了解他人的想法，深入他人的内心，从而能够在复杂的人际关系中做到游刃有余，为我们将来的发展提供有利的帮助。

第十一节　人们为什么要佩戴墨镜?

卢雨和方婷婷约好了周末出去逛街，但是临出发前她们被朋友周晴叫住了。得知卢雨和方婷婷要去购物的消息，周晴连忙说要和她们一块儿出去。原来周晴本来打算出去和男朋友约会，但男朋友的单位临时有事就留下了周晴一个人，周晴想着自己在宿舍里待着也没什么事，索性就和卢雨她们一起逛街了。

出门之前周晴看了看外面的天气，又查了查当天的气温，最后还是戴上了自己的宝贝墨镜。卢雨和周晴的关系比较好，看她戴墨镜出来就问了一句："这都秋天了，太阳光也不算太刺眼，你怎么还戴墨镜啊？"周晴说："戴个墨镜不好看吗？我觉得和我的裙子挺搭的呀！"方婷婷看了看周晴的造型说："挺好看的，搭你的裙子也很合适，乍一看有点儿高冷女神的样子。"

就这样三个人说笑着出了门，不过刚出门没多久周晴就觉得不太对劲儿。坐公交车的时候，卢雨竟然没有像平常一样坐到自己旁边，而是和方婷婷一块儿坐到了自己的身后，两个人在后边叽叽喳喳说个不停。

之前去店里买衣服的时候，自己才是最时尚、最有眼光的一个，可是这一次总是找自己提参考意见的卢雨竟然把自己冷落在一边，耐心地询问起了方婷婷的看法。平时明明她和卢雨之间关系更好一点儿，而且她也比方婷婷更健谈，怎么卢雨现在一个劲儿地拉着方婷婷说个没完。

周晴想了想，最近她和卢雨之间似乎也没有闹矛盾，而且方婷婷这个人很有修养，做人也一向很体贴，不会不顾及其他人的感受。以前凡是和她一起玩儿的，她从来不会让任何一个人有被冷落的感觉，几个人聊天也从来不会出现冷场的情况。怎么今天卢雨这么反常，把自己当空气了，明明三个人一起逛街，她们居然把自己孤零零地抛在一边，这也太欺负人了吧。

周晴越想越觉得委屈，也不肯再跟着她们一起看衣服，自己悄悄放慢了脚步，想看看卢雨她们会不会发现。可周晴看到的画面让她更气愤，卢雨和方婷婷两个人居然一直说笑着往前走，都没有发现自己没有跟上去。周晴怒不可遏，再也不愿意和她们一块儿逛街了，也没有通知卢雨和方婷婷，看到商场内的椅子，便径直走近椅子坐在上面休息起来。

中间有好几次有人似乎想要坐到周晴旁边休息，可这些人走到椅子旁边看到周晴后无一例外都走了。周晴想："难道是自己身上有什么不对的吗？"就在她反复思考的时候，她看到了商场中另外一个戴着墨镜的美女，这个美女附近也没有人，当她走在路上的时候，路人竟然直觉地自动分开了道路。

周晴这下有点儿明白了，她想到了自己的墨镜，于是伸手把墨镜摘下来放到了包里，没过一会儿，一个老太太笑眯眯地走上前问道："姑娘，这边有人坐吗？"周晴连忙摆手。这下她总算明白,为什么坐公交的时候，自己旁边的座位明明空着却没有人来坐的原因了，也知道了为什么今天的卢雨和方婷婷这么反常，原因并没有出在其他人身上，而是出在自己所戴的墨镜上。

想到这里她把东西收起来，准备起身找卢雨和方婷婷，一抬头看到卢雨和方婷婷一脸焦急地找过来。卢雨看到她之后仿佛悬着的心落了下来，她埋怨道："你停下来休息，怎么也不和我们说一声啊，我们俩都没带手机，差点儿找不到你。"周晴连忙道歉，得到卢雨和方婷婷的谅解后，三个人一路说说笑笑继续逛起了商场。卢雨试衣服的时候也开始征求周晴的意见，周晴再也没了之前被冷落的尴尬和不满。

在夏天的时候，我们走在大街上可以看到很多人戴着太阳镜或是墨镜，这些太阳镜款式大同小异，价格参差不齐，其实无论什么样的太阳镜或者墨镜都有着同样一个特点，能够有效遮挡外界探寻的目光。

心理学家认为戴上太阳镜或者墨镜，比带着两个保镖都管用，这是因为佩戴太阳镜这一行为既能够给人带来神秘感，又能够产生一定的威慑力，在无形之中有种拒人于千里之外的威力，让其他人不敢轻易接近。

眼睛是人们心灵的窗口，当我们想要分辨一个人所说的话是否真诚的时候，就会下意识地看对方的眼睛，因为我们相信眼神是不会骗人的。而当我们戴上墨镜和他人交流沟通的时候，就好比把心灵窗户上的窗帘给拉上了，那么对方也就无法判断我们所想的和所说的是否为同一个意思，这种不确定性会大大降低人与人之间的信任。

当一段关系连信任都欠奉的话，那后续的深入沟通必然无法进行。而且佩戴墨镜的人给人一种距离感和心理上不舒服的体验，这极大地影响到沟通的效果。所以心理学家提议，当我们想要和他人进行沟通并建立一段良好的人际关系时，摘下酷爱的墨镜露出真诚的双眼才是明智的选择。

当然，除了一些特殊职业，如保安、特工、私人保镖等出于职业需要必须佩戴墨镜之外，也有很多人明知道即便佩戴墨镜会给沟通效果带来影响却依然选择佩戴墨镜，这是出于什么原因呢？心理学家经过分析，认为佩戴墨镜背后的原因可以归结为以下几种：

1. 佩戴墨镜更冷酷、帅气

国外曾经做过一个关于佩戴墨镜的研究，研究结果证明，墨镜能够让人们不规则的脸看上去更好看，而且能够使人们平坦的面部骨骼显得更有立体感。诚然，墨镜在凹造型的方面是个非常有助益的物品，很多明星在拍照的时候都会巧妙地利用墨镜为自己的造型加分。墨镜还能够为佩戴者营造一份神秘、高冷的气质，越是神秘的物体越能够吸引人们的注意力，这也是墨镜受欢迎的一个原因。

随着人们审美的不断改变，戴墨镜的风潮逐渐从明星扩展到寻常百姓也就不足为奇了，很多普通人在佩戴墨镜的时候能够达到自我满足和心理平衡的状态，这也是很多人选择佩戴墨镜的一个重要因素。

2. 为了不让别人认出来

很多明星在机场搭乘飞机去各地参加工作的时候，大多希望自己不要受到外界的干扰，而墨镜无疑是最好的变装利器，一副墨镜戴上去，整个人的半张脸都被牢牢盖住，能够很好地隐藏身份。

佩戴墨镜也能够巧妙地掩饰个人憔悴的面色，很多女明星在感情爆发危机的时候都会选择用墨镜来遮住自己的脸，不让记者们发现自己的疲态等。明星也会有外出的需要，当他们不想引起不必要的骚乱时，戴上墨镜把自己包裹得严严实实则是最有效的一种方式。

3. 为了隐藏自己的微表情

很多心理学家认为，戴墨镜可以隐藏一个人从眼睛里发出的谎言信号，戴上墨镜的人能够不动声色地观察周围的情况。

心理学的一项研究显示，戴上墨镜的人比佩戴普通眼镜的人行为上更加自私和缺乏真诚，因为佩戴墨镜能够在无形中让佩戴者产生一种身处黑暗之处的感觉。这就好比网络上匿名发言，即便说出的话再恶毒别人也无从问责。这种匿名的感觉会令人们的自我约束能力大幅度下降，促使人们放纵自己做出欺骗他人、占小便宜等自私的事情。

第七章

职场微行为心理观察

第一节　上司对自己频频点头

无论是职场菜鸟还是“老油条”都曾对上司的某句话、某个看似不经意的动作百般揣测过，也会因为上司的一句批评而惴惴不安。相信很多人也都曾经历过为如何给上司留下好印象而头疼不已的阶段，毕竟我们面对的是掌握着我们职业前途的上司，如果我们想要有更好的发展，那么掌握一点儿职场心理学是必不可少的。

毕竟上司是我们每天低头不见抬头见、一起战斗的人，每天上司都会在工作上给我们一定的指示和启发，那么如何和上司良好相处就成了一件非常重要的事。当然这并不是说我们要学会溜须拍马、阿谀奉承，而是说通过平时对上司的言行举止的观察而做到更加妥善的行事。

张峰是一个刚毕业的大学生，这天他去一家公司参加面试。面试的时候，张峰有些紧张，和面试官说话时有点儿磕磕巴巴。面试官体贴的微笑，有效地安抚了他内心的忐忑。接下来，面试官询问他职业规划的时候，张峰非常有条理地讲述了自己对未来的展望和职业期待。

张峰说的时候还看了看面试官的反应，发现面试官仍旧一脸微笑，并无任何不满的神色，而且时不时点头表示赞同，张峰才继续说了下去。面试结束后，面试官让他回家等候通知，张峰高高兴兴地回到出租屋，拉着合租的刘启要出去庆祝，刘启问道：“你找到工作了？”

张峰说：“这回八九不离十了，你是不知道，我面试的时候，对面的面试官对我特别满意，问了我好多问题。我回答问题的时候，他一直在点头，看上去没有一丝不满，我觉得这工作没跑儿了。”

刘启也替张峰高兴，两个人跑到楼下的小饭馆点了几个菜提前庆祝。这时住在他们隔壁的学长马松下班回来看到他们在庆祝，也走了过去，张峰连忙叫上马松一块儿吃饭。

吃饭的时候，马松从两人口中得知了张峰面试的事情，马松说："张峰，我觉得这事你还是应该多作准备，以我的经验，一般公司让你等通知，基本上就是没戏了，你这两天还是继续找找其他工作吧！”张峰和刘启都嫌他扫兴，马松见状也没有多说什么。

张峰在家等着面试公司给他打电话，可等了整整一个星期也没有接到面试公司的任何回复，刘启说："他们不给你打，你可以和那家公司联系一下嘛！”张峰听完立刻拿出电话打给面试自己的公司，结果收到的却是那家公司人已经招满的消息。

张峰愣愣地放下手机说道："还真让马松那个乌鸦嘴说中了，人家已经招到人了。”刘启说："我觉得也不怨马松学长，毕竟他比我们有经验，咱们现在碰的壁他肯定也碰过。要不我们去找马松学长取取经？”

两人说着敲响了隔壁的门。马松像是早就预料到了张峰的遭遇，说道："我之前就和你说了，让你别抱太大的期望，要继续找工作，你还不信，你别看面试官一直点头，点头就是认可你吗？说不定那只是出于他的修养和礼貌，而且有些人在觉得不耐烦的时候也会不停地点头。他不是赞同你，而是想让你快点闭嘴。你们在学校里学的东西太少了，也太死板了，你们进屋吧，我把我找工作的一些经验和你们说一下，免得你们以后再空欢喜。”

身在职场，察言观色是一门高深的学问，因为在察言观色的基础上我们才能够分析和判断他人的心理，而朝夕相对的上司的心理更需要我们细细揣摩。那么如何正确解读上司的身体语言呢？这需要我们细心地观察。像点头这样的动作在不同的场景之下，也代表着不同的心理。

1. 频繁点头表示否定和不耐烦

在双方交谈的过程之中，如果有一个人点头的频率过于频繁，比如，对着说话的人连续点头超过三次，或者说话者在阐述一个观点的时候频繁点头。那么点头这个动作则意味着听众并不赞同说话者的观点，甚至对说话者所谈论的内容丝毫不感兴趣，只是希望对方赶快结束这个话题才不断地点头，这时候听众的心理是不耐烦的。

但是如果听众听到说话者所说的内容只是微笑着轻微地摇了摇头，这就说明听众并不是完全不赞同说话者的观点，这个时候只要说话者以更加委婉的态度再稍微坚持一下，那么对方仅剩的一点儿不赞同极有可能转变为赞同。

周丽在一家房地产公司做楼盘销售，这天她接待了两名客人，这两名客人是一对退休的老夫妻。周丽分析了两个老人的情况后为他们推荐了一个离市区比较远的、非常安静的小区，附近还有一个绿化做得特别好的公园。

周丽在细心讲解这个小区的过程中，也不忘记观察两个老人的神色。经过观察，周丽发现老爷子基本上不做什么主，每次问话，老爷子都是耐心地询问老太太的意见，周丽这下也知道了要努力说服的对象。

可是周丽很快便发现，不管自己说什么老太太都是微笑着点点头，不说同意，也不说不同意，周丽这下子难住了。她想也许是老太太还不是特别满意，便又为她介绍了另外一个小区的一所房子。

这所房子在市区，交通便利，周围有大型商场和便民超市，游戏厅、动漫城，还有幼儿园、小学和初中等学校，周丽敏锐地发现老太太在听到附近有学校的时候眼神明显亮了起来。周丽猜测这两位老人家里必然有需要上学的孩子，便大力推荐第二套房子，把第二套房子的优点一一列了出来，结果两个老人商量了一下决定买下第二套房子。

后来周丽和两位老人在闲谈的时候得知两个老人家里恰好有两个孩子，大孙子要上小学，小孙女需要上幼儿园，孩子的爸爸妈妈白天要上班，孩子就交给爷爷奶奶带。

2. 漫不经心地点头表示没有认真听

在双方交谈的过程中，如果说话者在讲话的时候，听的那一方虽然不时地点点头，但是点头的动作完全与谈话的内容不合拍，则说明听众对于说话者所谈论的内容兴趣不大，可以说听众并没有专心听，很有可能听众的注意力已经被其他事物所吸引了。

相对地，如果两个人在交谈的过程中，听的一方摇头的频率过于频繁或者与谈话的内容节奏等不合拍的话，也不代表听众并不赞同说话者的意见，而是说明听的一方心中有别的事情困扰着他。

工作了一周，张楚趁着周末的时间找自己的好兄弟刘枫、莫杰出来聚会。饭桌上，他们讲述着自己的近况，聊得高兴的时候，三个人还举起了酒杯畅饮了一番。中途刘枫接了个电话，说是公司有事便先走了，剩下张楚和莫杰两个人。

张楚兴致正高，拉着莫杰说个不停，莫杰有的时候应和他两句，有的时候则默默地端着酒杯往嘴里灌。当张楚说到自己的职业规划时，回头看了眼莫杰，发现莫杰竟然在摇头。

张楚便问他："怎么，你对我的职业规划有什么意见吗？为什么一直摇头？"莫杰像被惊醒一般说："没有啊，我没摇头。"张楚想了想说："你是不是有什么心事？我看着你一晚上都心不在焉的。"在张楚的询问之下莫杰向他倒起了苦水，原来莫杰和女朋友正在闹分手，莫杰正为了这件事发愁呢，所以根本没有用心听张楚的话。

第二节　上司拍拍下属的肩膀

在职场上，我们难免会和上司进行一些必要的互动，有时候可能是语言上直接的交流，有时候是上司给我们一个眼神，让我们自己领会，有时候上司的心理还会通过一些微动作透露出来。善于察言观色的职场达人总能够从上司身上的细微之处观察到端倪，上司的服装、坐姿、动作等都能够帮助我们洞察上司的心理。

很多时候在职场上我们能够看到这样一个场景：面色和蔼或者面色凝重、严肃的上司伸出手去拍拍下属的肩膀。这一动作看似自然，其中却饱含着暗示的意味。

张腾飞在公司里干了三年多了，眼看着和自己一起进入公司的同事都升职加薪了，自己的职位却没提高，而且还和新来的实习生一样做着烦琐的小事，拿着那点儿吃不饱也饿不死的工资，心里别提多憋屈了。

最近，眼看着又一次升职机会降临在面前，他坐不住了。一天中午，张腾飞怀着忐忑紧张的心情敲响了上司刘经理的门。刘经理没有办公，而是坐在迎客椅上喝茶。

刘经理一脸和蔼地请他进来，张腾飞在他旁边坐下之后，刘经理还亲自为他倒了杯刚泡好的茶。刘经理这么一弄，张腾飞更紧张了，刘经理也不急着问他，等张腾飞喝了茶，心里不那么紧张后才笑眯眯地问他过来有什么事。

张腾飞鼓起勇气把自己在公司三年来的业绩和进步简略地给刘经理讲述了一下，并委婉地表达了自己希望能够升职的愿望。刘经理听完伸手拍了拍张腾飞的肩膀，说："你这几年对于工作负责的态度和对公司的贡献我都看在眼里，这件事情我会好好考虑的，你先回去吧。"

张腾飞走出刘经理办公室后和他关系较好的同事马鑫立刻走上前问道："怎么样？刘经理怎么说的，你这次是不是要升职了？"张腾飞摸了摸后脑勺说："我也说不好，刘经理也没说答不答应，说他会考虑就让我回来了。"

马鑫说："刘经理都和你说什么了？怎么说的？是板着脸还是笑着说的？"张腾飞便把刘经理给自己倒茶、拍自己肩膀的事一一给马鑫说了。马鑫听完，说："你放心吧，你这回升职八九不离十了，你是不知道，前两天小郑找刘经理说加薪的事，刘经理板着脸把他臭骂了一顿，这次刘经理不但没骂你，还拍你肩膀，你准要交好运了，回头升职了别忘了请我吃大餐！"

张腾飞听了他的安慰心里也有些高兴，满口答应了马鑫的要求。没过几天，人事部果然传达了公司总部给张腾飞升职的决定。

上司拍下属肩膀一般来说都是表示赏识的一种方式，为什么上司会采取这种方式来鼓励下属呢？这是因为人的肩膀是身体的关键部位之一。我们在称赞一个人优秀的时候会用到“肩背难望”；形容一个人废柴、不顶用的时候会说“肩不能挑，手不能提”；描述一个人身上责任重大的时候会说“肩负重任”；夸一个有志之士的时候会用“铁肩担道义”，肩膀的重要性不言而喻。

为什么肩膀这么重要呢？美国的心理学家邓肯曾经做过一项人与人交往安全距离的研究，通过研究他得出了这样一个结论：两个不太熟悉的人交流、沟通的安全距离是1.2米，超过这个距离会让人觉得不安和紧张。当然正处于热恋时期的恋人和亲朋好友之间的人要排除在外，因为热恋之中的恋人自然希望挨得越近越好，而亲近或值得我们信赖的人和我们接近，我们不会产生任何不安。

上司和下属之间，当然不能算是特别亲近和信赖的人，甚至有很多人与上司根本就不熟悉。所以在这样的情况之下，保持1.2米的安全距离进行交流无疑是明智的行为。一旦他人越过这个安全距离则会引发我们的警觉和不适感。

所以如果不是特殊情况，上司是不会主动去触碰下属，更不用说拍肩膀这样的动作了，所以在职场上很多人都把“被上司拍了肩膀”视为获得上司赏识的一个标志性动作。

但是不同的动作放在不同的背景之下所代表的含义也不尽相同，拍肩膀这一动作又有着哪些不同的暗示呢？

1. 上司对你的工作很满意

当我们的工作完成得非常出色时，上司出于满意之情会情不自禁地拍拍我们的肩膀表示嘉许和鼓励。这一动作可以解读为上司认可了我们的工作，肯定了我们的价值，而他拍我们的肩膀除了表示满意之外，也有着鼓励我们再接再厉的意思。

2. 上司为了笼络人心

如果我们近期并没有做出什么令人骄傲的成绩，而上司却拍了一下我们的肩膀，那么我们就不用自作多情地认为是上司通过私下观察发现了我们的努力才拍拍我们的肩膀鼓励我们。上司拍我们肩膀可能只是为了拉拢我们,让我们尽快融入他的人际关系网。也有可能是上司心情不错，换了一种方式来和我们打招呼。

小周这天刚吃过午饭回到公司，等电梯的时候碰到新来的吴经理去吃饭。小周还没来得及问好，吴经理就走到了小周面前，拍了拍小周的肩膀笑着说:“刚吃饭回来？这段时间公司比较忙，真是辛苦你们啦！”小周听完心里暖暖的，说:“吴经理，您别客气，这都是应该的。”

告别吴经理之后小周乐呵呵地走到公司，正碰上同事小汤，小汤问他遇到什么好事了这么开心，小周面带自豪地把遇到吴经理的事情说了一下，还着重描述了吴经理拍他肩膀的部分。小汤笑着说:“你就为这事开心啊？”小周说:“吴经理拍我肩膀不就是认可我的工作吗？这还不够我开心的吗？”

小汤说:“你问问办公室的男同事，谁的肩膀他没拍过？”小周顿时泄了气，问道:“吴经理为什么这么做啊？”一旁的张姐说:“你是不是笨啊，吴经理新上任，又是空降的，公司有的是老人不服他，上一任经理被员工集体告状倒台的殷鉴不远，他不赶紧融进员工的圈子，建立起自己的关系网，他怎么能立足？”小周听完恍然大悟，再也不敢胡思乱想了。

3. 上司为了挑衅

如果上司从正面或者是上面拍我们的肩膀，则是上司借助这一动作在向我们展示他居于上位的优越感和高傲感，向我们显示他的权力，这个动作同时也表示了上司对我们的不屑和蔑视，甚至是一种刻意的挑衅，在无形之中透露出“你比不上我”的信息。

4. 上司想拉近关系

有的时候我们和上司根本一点儿都不熟悉，或者平常都甚少亲近，突然有一次上司找我们谈完话并顺势拍了拍我们的肩膀，就表明了上司想要和我们亲近的目的。出现这种情况可能是由于上司突然发现了我们和公司某个职位更高的上司有着某种关系，上司想要讨好我们背后的那个职位更高的上司才会做出拉近与我们之间关系的行为。

吕涛是一名刚毕业的学生，由于社会竞争激烈，他找了很久都没有找到满意的工作。后来父亲带着他找到一个远房叔叔，这个叔叔非常热情地迎接了他们，并把吕涛安排到了自己所在的公司工作。

由于吕涛不想被人知道自己是托关系进的公司，便央求叔叔保密。叔叔想了想答应了，自己没有出面，而是让公司的部门经理小王照顾吕涛。吕涛和其他实习生一同工作了大半年，该加班加班，没有一点儿托关系进公司的样子。

上周末他刚和叔叔一起吃了一顿饭，周一一上班，侯经理就把他叫到了办公室，大肆夸奖了吕涛一番，并问他对于自己的工作有没有什么不满的地方，让吕涛有意见尽管提。吕涛觉得有些莫名其妙，但忍着内心的疑惑也没有多说，谈话结束后侯经理还拍了拍他的肩膀，让他挺不自在的。

中午吃饭的时候吕涛忍不住和其他同事说了这件奇怪的事，王哥听完笑着说："这有什么奇怪的，侯经理那个人一向善于钻营，捧高踩低的，准是他知道了你和你叔叔的关系想讨好你，让你在你叔叔面前多提提他的好。"

一般来说，在职场上，上司拍下属肩膀多代表鼓励和认同，我们可以将上司的这一动作作为一个小小的目标去努力，但实在用不着为此得意扬扬而到处吹嘘，从而忘记自己的身份和职责。毕竟上司拍肩膀不是一种实质的奖励，不会让我们的薪水和职位有所上涨，只有脚踏实地认真工作才能够真正为自己带来切实的利益。

第三节 小小办公桌有乾坤

现代社会大部分公司的办公桌都是我们通常所说的"格子间"，几块单薄的木板加上强化玻璃，和一些零零碎碎的金属配件经过组合就形成了一个个小小的半闭合状态的格子间。这些看似脆弱的格子间却在各个员工之间筑成了坚实的壁垒，将人与人之间的界限划分得无比明确。

每一个格子间就是一个小天地，每天从上班开始，每个员工就待在为自己所有的格子间中办公、休息、娱乐、用餐。不同的人由于性格的差异，在整理自己所在的格子间时塑造的风格也各不相同。

平时性格爽朗、做事干净利落的人喜欢把自己的格子间弄成极简主义风格，办公桌上没有多余的东西，仅剩下几项必需品。这些必需品也属于冷色调，如设计简约、颇具线条感的水杯、简洁大方的记事簿等。

有的人喜欢让自己的工作间充满软萌的气息，所以会在办公桌上放置很多可爱的东西，如俏皮可爱的小摆件、小布偶、漂亮的水晶球和小动物贴纸等。

还有的人喜欢贴近自然，在自己的办公桌上放一些绿植，晶莹剔透、圆润可爱的多肉，亭亭玉立的袖珍椰子和文竹等，再配上一个小小的喷水壶，以便闲暇之余侍弄植物。

当然也有很多人没有这种雅致，办公桌上只放电脑和一些文件，可就这么简单的几件物品，有的人能够把办公桌整理得井井有条，有的人的办公桌上却杂乱无章。各种不同风格的办公桌背后反映的无疑是每个人的性格，心理学家认为办公桌和个人的个性有着密切的关联。

也就是说，一张小小的办公桌就能够直接反映出每个人的个性，那么不同类型的办公桌背后又代表着人们怎么样的性格特征和职业特点呢?

1. 整齐干净的办公桌

有一种人的办公桌非常令人羡慕，那就是干净整齐的办公桌。有的职员喜欢把自己的办公桌打理得干干净净、一尘不染，相关的文件也都摆放得整整齐齐,做起事来井井有条。这样的人大多重视秩序、性格沉稳，做事稳妥、脚踏实地，无论做什么事情他们都会做好相关的准备，有条不紊地实施自己的计划，是值得他人信赖的好帮手。

不过这种人在严于律己的同时往往也会严格地要求他人，想从他嘴里听到一句夸奖可谓难上加难，而且他们往往会忽视他人的努力。目光只放在他人的缺点上，相应地，他们在面对他人的失误时也会毫不留情地进行批评，这难免会给他人留下死板、苛刻、斤斤计较的印象。

2. 杂乱中不失有序的办公桌

职场上我们经常会听到有人说，一个人的办公桌乱的话，证明这个人的工作能力强。有的人看上去办公桌上的东西特别多，林林总总堆积在一起，一眼望过去，所见之处都是凌乱的景象。

但细看之下就会发现这看似凌乱的办公桌上别有玄机，同一个工作涉及的资料、文件、证件、票据等聚集在一处，另一个工作所需的文件杂乱地堆叠在另外一处，虽然凌乱但能够看出放文件的人很有逻辑性，在这乱糟糟的办公桌上找起东西也格外轻松。

这种类型的人通常不但有着较强的工作能力，还有着对优秀的追求。他们的感觉敏锐、眼光精准，不但能够发现自己身上的缺点和优势，还能够看出他人的长处和不足，更难能可贵的是他们善于改正自己的错误。

这无疑为他们的优秀提供了良好的条件，加上性格中勇敢、越挫越勇的因素，让他们非常热衷挑战，并希望在不断的挑战中提高自身的能力。由于好强的性格和优秀的业绩，他们往往成为其他同事努力的目标，但由于他们不断追求上进，往往会忽略周围的人，导致他们在处理同事间人际关系的方面有所欠缺，很少和他人交流，对于他人也缺少了一份宽容。

刘小曼和大学同学韩松在同一家企业工作，实习期结束之后两人还被分配到了同一个部门。本来就是同学，现在又变成了抬头不见低头见的同事，两个人的关系自然比办公室里其他人要密切。

虽然关系好，但每次刘小曼看到韩松的办公桌都是一阵头疼，因为韩松的办公桌实在是太乱啦！各式各样的文件、票据和图纸叠加在一起几乎占据了整个办公桌。除了电脑在中间位置不动摇之外，其他东西都被挤得没地方放，连一支笔都是在“文件山”的夹缝中求生存，韩松的水杯和卫生纸等东西都在地上放着。

刘小曼坐在韩松的对面办公，两个人就隔着一张办公桌，刘小曼本来就比其他女孩爱干净，每次一抬头看到那一堆杂乱无章的文件都觉得心里堵得慌。其他同事也都说韩松的办公桌实在和他表现出来的精明强干差异太大，不过由于平时不怎么闲聊，其他同事也不好给韩松提意见。

有一天中午的休息时间，同事们都下去吃饭了，刘小曼吃过午饭自己先回了办公室。她看到韩松凌乱的办公桌，实在忍不住了便走上前去，正打算着手帮韩松整理，谁知道这时候韩松居然回来了。

韩松叼着一个馅饼说道："你干什么？我的文件你可千万别动啊！"刘小曼停下手没好气地说："都乱成马蜂窝了，你还不知道整理，找文件好找吗？我看着都闹心！"韩松笑嘻嘻地说："你不知道，别人看我这桌子乱，找不到东西，可我自己放的东西我可记得清楚，第一时间就能找出来。"刘小曼想了想好像的确和韩松说的一样，之前不管同事找什么资料和文件，只要和韩松说一下，韩松都能很快找出来。

刘小曼说："虽然是这样，可你这桌子也太离谱了吧。办公室里谁的桌子像你的那么乱啊，你还是整理一下吧！"

韩松说："你暂且先忍几天，我现在不好整理，手头上正忙的事情需要的资料多，我不敢乱动怕记错了，等手头上这个方案做完了，我一定马上整理，再也不让它们碍你的眼。"刘小曼听他这么说心里宽慰了不少，决定就按照韩松说的再忍忍。

3. 杂乱无章的办公桌

有的人办公桌虽然乱但确是乱有乱的条理，有的人的办公桌却是实实在在称得上是杂乱无章。不仅乱，办公桌上叠放的东西也都没有条理，这项工作的文件和另一项工作的文件叠在一起，购物的发票和公司开具的票据混在一块儿，找起东西来异常费劲。

从办公桌的状况就可以看出来其主人十分忙碌，他要做的事情太多才会连整理办公桌的时间都没有。这种类型的人看似邋遢，但实际上他们的性格和思维往往非常灵活和开放，做事情也能够脚踏实地，在处理一些紧急事件的时候很有一些急智，有着较好的口才，在策划短期项目上常常能够出奇制胜。

不过追求自由的个性有时候会给他人留下“今朝有酒今朝醉”的不良印象，工作中遇到的一些麻烦往往是因为被一些微小的细节绊住，为人处世会显得瞻前顾后、拖泥带水。

4．充满了个人气息的办公桌

有的人喜欢张扬个性，每天都要长时间使用的办公桌无疑成了他们张扬个性的舞台。他们会在办公桌上放上各式各样符合自己审美的东西，有的可能是自己的照片，有的也可能是自己的绘画作品或者自己 DIY 的一些物品。总之就是要让每个角落都显示出自己的个性。

这种类型的人实际上是热诚的、充满活力的理想主义者，身上满是积极向上的正能量。为人热情的他们在人际交往方面有着得天独厚的优势，身边往往围着一大堆朋友，也很容易融进一个集体，受到其他人的喜爱。

豪爽大方的性格注定了他们不会在微小的细节上多做纠缠，比起物质上的满足他们更在乎自己受到了多少人的喜爱。这种类型的人虽然大大咧咧但也有心思敏感的时候，容易情绪化，喜欢根据自己心情的好坏做事，做事情往往只有三分钟热度，一旦他们的激情退却的时候，坚持就成了一件非常困难的事情。

根据不同状况的办公桌我们不仅能够分析出一个人的性格，还能够分析出一个公司的办公氛围如何。很多公司内部的配置看上去杂乱无章，一眼望过去就能在任意一个办公桌上看到各种各样的小型盆栽、吃了一半的零食、女性的护手霜、化妆镜、个性十足的午睡抱枕、四处丢弃的圆珠笔、稀稀疏疏的留言便利贴等。

这样的公司看似凌乱，实则有种平易近人的气息，很有些贴近生活的味道，就像我们的家一样。很多人都认为，屋子里乱一点儿才有家的气息，而很多人只有在自己熟悉的环境里精神和行为才能够稍稍松懈，由此可以判断，这家公司的工作氛围是比较轻松的。

有的公司看上去比较整洁，办公桌上的文件不多，桌子上摆放的小型盆栽也生机勃勃，有的格子间放着家人的照片、桌子上甚至有一两本小说，那么无疑这个公司的工作量不大，员工比较清闲，公司对上班时间要求很松，甚至有些耗时间的意味，所以员工才有时间照料植物和看闲书。

有的公司室内摆放着几盆大型的室内绿色植物，这些植物都长得非常茂盛，说明这个公司的效益不错，有较多的生意往来。办公桌上会有较多的文件，电脑上也可能密密麻麻全都是文件，说明员工的工作量稍大，压力也比较大。

还有的公司看上去特别整洁，办公室干净得像无菌室，办公桌上几乎看不到什么私人物品，甚至连文件都很少，更没有什么绿色植物来点缀工作环境。电脑设有密码，能见到的柜子和抽屉也都上了锁，那么毫无疑问，这家企业的工作氛围十分严肃，在这里上班的人压力往往很大，员工之间有时缺乏信任和理解，连闲聊八卦的时间都非常少。

第四节　看领带判断同事个性

在电视剧中，我们常常能够看到很多妻子早上给出门上班的丈夫打领带的场景，也会发现很多男性在下班之后做的第一个动作就是将自己的领结扯得松一点儿，似乎这样可以缓解自己的压力，解除工作了一天的疲惫。而当公司的职员要参加比较正式的活动或是见自己的上司时，会把自己的领带打得紧一些，这样人就能够显得更精神。

19世纪著名的现代派诗人夏尔·波德莱尔曾经说过这样一句关于领带的名言："真正的摩登大师是能成功地体现平凡生活中的不平凡，让我们体会到自己的优美之处，而从始至终的选择就是领带。"一个小小的领带不但有着立竿见影的修饰效果，还能够显示出佩戴者的身份、地位、个性、爱好等。在著名心理学家弗洛伊德看来："领带给人的暗示是男性的生殖器官。"这说明了领带无疑是男性特征的体现，其重要性不言而喻。

在当今的职场，领带已经成了很多职业男性的标准配置，这样一个微小的装饰品却往往能够显示出一个男人的个性和品位。而且我们也能够从一个人打领带的方式上看出这个人的心理状态和情绪起伏。人们打领带的手法和方式可能各有不同，但打出来的效果一般可以归结为以下三种：

1. 领带结打得不大不小正好合适

有的人有一双巧手，打出来的领带结不大不小非常合适，看上去也特别漂亮，显得佩戴者非常有精神。这表明了佩戴者非常重视自身的形象，希望自己能以最佳的面貌呈现在众人面前，而且他们在待人接物方面往往是彬彬有礼、风度翩翩的。

在性格方面他们通常有些保守，且有着鲜明的原则，有的时候对他人的态度可能比较严苛，因此在其他人看来显得十分威严。在工作的时候他们身上也充满了活力和干劲，做起正事来一丝不苟，对自己的工作非常细致认真，就连一些微小的细节都不会忽略。

2. 领带结打得小而紧

有的人打出来的领结又小又紧，一眼看上去就能够让人产生局促感和紧张感，这种领结的佩戴者往往性格上非常谨慎，情绪起伏明显、心胸狭窄，且有着爱猜疑的毛病。别人不经意的一句话很有可能被他们过度解读，看作对自己的冷嘲热讽。

他们比较看重金钱和物质享受，这让他们显得有些吝啬。由于性格的原因，他们的人际关系经营得不是特别好。

3. 领带结打得又大又松

有的人喜欢把领带结打得又大又松，看上去十分慵懒、惬意。这种领结的佩戴者一般都是感情丰富、生性幽默、性格恣意、不喜欢受到外界束缚的人。他们喜欢独立的生活空间，追求自由，身上有着天然的亲和力，在人际关系方面尤为擅长。在社交场合中他们往往风度翩翩，即便不是众人瞩目的焦点，身边也往往不缺朋友，尤其在和女性进行交流的时候他们总能够得心应手，格外受到女性的喜爱。

除了打领带的方式之外，我们还可以通过领带的颜色分析和判断佩戴者的性格。

有的人喜欢五颜六色的领带，一般来说，多色领带的佩戴者重名利、好美色。喜欢佩戴黑色领带的人大多性格保守内向，有着明确的是非观，待人接物方面谨小慎微，对于人生和未来有着明确的目标和规划。喜欢佩戴绿色领带的人往往性格鲁莽冲动，但事业心较强，身上满满都是勇气和活力，做事情干净利落，勇于创新，敢于冒险，是个不折不扣的奋斗者。喜欢佩戴蓝色领带的人通常性格稳重，事业心也比较强，甚至有急功近利之嫌，但为人处世比较圆滑，有着不错的人际关系。喜欢佩戴红色领带的人一般性格严谨、自信，做事情一丝不苟。

此外，还有人不会打领带，必要的时候还需要他人帮忙打出一个漂亮的领结，这种人性格爽朗豁达，不拘小节，他们很少把注意力放在打领结这样微不足道的小事上，这种类型的人往往具有领袖天赋，由于随和爽朗的性格，他们身边往往围绕着一堆朋友，人际关系经营得十分不错。

人们在整理领带时，往往也能够隐隐透露出他们情绪的起伏。当参加商务谈判时，如果对方整理了自己的领带，说明对方此时斗志昂扬。在日常的交往中，如果对方开始拉扯自己的领带则是挑衅的象征，不出预料的话，接下来很有可能会发生一些暴力的肢体冲突。

第五节　边打电话边信手涂鸦

周末，杰西听着音乐，将家里打扫一遍后正准备躺在沙发上休息时，接到了好朋友卢卡的诉苦电话。原来，卢卡是一家外企公司的实习生，最近因为实习转正和接手新案子的事情，整天忙得焦头烂额，好不容易有了空闲的时间，就想给杰西打电话，好好倾诉一下自己在公司里遭受的各种“冤屈”。

一听到卢卡并没有什么事情，杰西一颗紧张的心立刻放松了下来。

她开始静静地聆听卢卡在电话那端滔滔不绝地吐槽。半个小时过后，觉得卢卡还没有要挂断电话的意思，她虽然不好意思让卢卡扫兴，但又确实太累了，根本没有心思和卢卡一起讨论那些琐碎的小事。

无奈之下，她顺手拿起旁边桌子上的铅笔，一边漫不经心地听着电话，一边用铅笔在纸上随手乱画。又是半个小时过去了，杰西将整张纸的每一处空白都画满之后，终于忍不住提醒卢卡："卢卡，我刚做完家庭大扫除，现在想要休息一会儿，咱们可以回头再聊吗？"

卢卡抱歉地说："真对不起，只顾着吐我自己的苦水了，那你早点儿休息，咱们改天再聊。"挂断电话后，恰好杰西的女儿安妮走进房间，她指着桌子上的纸问道："妈妈，你为什么在纸上画满了小圆圈呢？"

在现实生活中，我们常常可以看到类似的场景：公司里，有人一边和难缠的客户打电话，一边用笔在纸上随手乱写乱画；马路上，有人一边和男朋友煲着甜蜜的电话粥，一边用手或者脚在墙上、地上无意识地乱写乱画等。

波恩心理学研究所的德国心理学家们花费了将近一年的时间观察不同的人在打电话和开会时手部的小动作，结果发现：约2/3的人在打电话时，约一半的人在开会时，都有在小纸条或者桌子上随手乱写乱画的习惯。

对此，心理学家们认为，人们之所以会出现类似"边打电话边涂鸦"的行为，主要有以下两个方面的原因：

第一，心理极度紧张不安。当人们在接听电话时处于一种精神高度紧张、愤怒或者不安，但又无法立即挂断电话的状态时，就会借助于用笔在纸上随手乱画以及不停地整理桌上物品等无意识的举动来消除内心的紧张不安，这种行为在心理学上被称作"代偿行为"。

当人们在通话中处于非常开心、兴奋的状态时，一般很少会出现随手乱写乱画等代偿行为。因此，可以说，边打电话边随手涂鸦等代偿行为是人们在潜意识状态下为了缓解负面情绪的产物。

此外，在男女双方约会时，如果一方对另一方讨论的话题不感兴趣，就会下意识地出现反复摆弄吸管、不停地用勺子搅拌咖啡、将纸巾或者包装袋折叠等非常细微的代偿行为。

第二，心不在焉，漫不经心。出现这种情况时，一方面很有可能是因为电话那端的人所谈论的问题非常无聊而导致聆听者毫无兴致，另一方面也可能是聆听者身体较为疲倦、另有心事、对谈论的话题缺少了解或者不感兴趣等原因。

此外，正如涂鸦专家黛安·辛普森所说："涂鸦根本不是绘画，它介于烦躁与白日梦之间，可以告诉我们一些关于自己的事情。"心理学家在对一些喜欢涂鸦者进行深入了解和专业测试后发现，人们在纸上乱写乱画的内容往往能在一定程度上反映出他们日常生活中的性格和习惯：

有的人经常画"螺旋线"，他们通常脾气较为暴躁，不喜欢别人干扰和麻烦自己。

有的人经常画"不断重叠圆形"，他们通常个性较为积极乐观，意志力顽强，从不轻易认输。

有的人经常画"爱心"形状，他们通常性格较为内向、柔和且敏感。不喜欢争吵，偶尔会有神经质倾向。

有的人经常画"细长型线条"形状，他们通常性格较为孤傲、情绪化，追求完美，自尊心较强且喜欢独处。

有的人经常画"花"或者"太阳"形状，他们通常有着较为丰富的想象力，个性较为敏感、脆弱，较之他人更加向往友情和爱情。

有的人经常画“条纹格子”形状，他们通常在人际交往中较为缺乏自信心，因此内心常常会独自忍耐很多委屈、愤怒等负面情绪。另外，“格子”形状也代表着涂鸦者此刻正身陷于一种“有些不体面和尴尬”的境地之中。

有的人经常画“方形”“三角形”“长方形”以及其他几何形状，他们通常是生活中的理论家，思维清晰，为人处世时拥有较为明确的目的和信念，自尊心和判断力较强，比较渴望得到他人的肯定和赞美，不容易上当受骗。

有的人经常画“箭头”形状，他们通常缺乏较为清晰的理想信念和目标的指导，面临选择时会犹豫不决。

还有的人从来不随手乱写乱画，他们较为干净整洁，拥有较强的自制力，“从不消极怠工，也从不会让其他人轻易胜过自己”。

第八章

爱情微行为心理观察

第一节　手机放在上衣口袋的男人

方晴晴今年已经25岁了，在学校上学的时候她专心学业很少参加学校的联谊，连班上的同学都认不全。毕业之后她在一家大企业找了一份工作，由于工作太忙和性格内向的缘故，她一直没有谈恋爱。

父母眼看着身边和女儿同龄的孩子一个个结了婚，有的甚至孩子都满地跑了，也开始为女儿的婚事着急起来，到处托人给她介绍对象。为了不耽误方晴晴的工作，还专门找了和方晴晴在同一座城市的适龄青年和她相亲。

方晴晴从来没有经历过这个阵仗，平时和异性交流的机会也不多，加上心里紧张，就叫上了闺密贺彤陪她去相亲。见面的地点约在了一个咖啡厅，她们两个人担心迟到了失礼给别人留下不好的印象，就提前半个小时到了咖啡厅。

前来和方晴晴见面的男生叫赵振，穿了职场男性必备的白衬衫和西裤，看上去很精神。为人开朗，又很体贴，也非常健谈，方晴晴这种平时不怎么跟别人说话的人都和他多聊了几句。中途赵振出去接了个电话，贺彤趁机跑过来问方晴晴感觉怎么样。

方晴晴说："感觉他有些职业化，和我说话好像对着客户讲话一样，不过他为人还挺热情的，就是不知道他平时的性格怎么样，你帮我看看。"贺彤对她比了个OK的手势连忙回到了靠窗的单人座，不多时在外边打电话的赵振走了过来，他顺手把手机放在了衬衣的口袋里。

两个人又聊了下彼此的爱好，最后看着时间差不多了便相互交换了联系方式，各自离开了。回去的路上方晴晴向贺彤询问意见，贺彤说：“我觉得赵振这个人还是挺靠谱的，不知道你有没有发现赵振接完电话的时候把手机放到了上衣的口袋里。我们公司的赵经理也有这样一个习惯，我们赵经理可是我们公司的模范丈夫，负责任，能力强不说，还特别顾家，疼老婆疼到了骨子里。我觉得赵振能把小细节处理得这么好，那平时也应该挺稳重的，你可以考虑一下多和他聊聊。”

生活中不同的人有不同的做事风格和生活习惯，有的人非常注重细节，会把自己的东西分门别类整理妥当，不管我们是参观他们的办公桌，还是去他们的家里做客，一眼看去就能发现他们的物品都摆放得很有条理。

有的人则不同，什么东西都放得乱七八糟的，找东西的时候也要耗费一番时间。这些生活习惯代表着的是每个人不同的性格，那么习惯把手机小心地放在上衣口袋或者是西装内侧的人有着什么样的性格呢？

有着这种习惯的人一般都性情稳重、成熟，待人接物温和宽厚，而且他们非常注重自己的形象和名誉，稍微有一点儿有损他形象的事情都会让他耿耿于怀。这种类型的人做事的时候四平八稳，脚踏实地，事前会列出明确的计划，个人也有着远大的目标，会督促自己向着既定的目标稳步前进。

在工作上，他们目光长远、具有远见卓识，虽然前期会因为经验不足等原因暂时没有施展才华的舞台，但他们有信心、有勇气，也有能力面对工作上的任何挑战，所以他们的事业会有长足的发展。在爱情方面，他们永远不会为了一个无法挽留的爱人寻死觅活，因为他们知道爱情并不是他们生活的全部，所以即便经历了一段糟糕的恋情也依旧不会对他们的工作、学业和生活带来太大的影响。

他们看似性情随和，大部分时间不会反驳恋人的意见，也尽可能地去满足恋人的很多愿望，但在恋情中他们能够牢牢掌握住两个人关系的主动权，因为只有这样他们才会觉得放心。恋爱时，他们能给女性一种踏实、安全的感觉，大多是非常值得信赖的恋人，值得托付终生。

第二节 观察他等待期间的表现

在日剧《朝五晚九》中有一个非常经典的桥段：山下智久所扮演的男主星川高领是一桥寺的和尚，为了追求石原里美所扮演的女主角樱庭润子而专门向润子的家人和一桥寺住持征求意见，想要制定出一个能让润子开心的约会行程，为此他还提前一天去了一个游乐场探查情况。

在与润子约定的那天，星川高领穿上了祖传的袈裟前去赴会。游乐场的游客在他身边来来去去，但他耐心十足地立在原地一动不动，时间一分一秒逝去，星川高领没有等来润子，于是开始在人群中左顾右盼。

原来润子在公司临时被分派了任务不能够如时赴约，于是她请妹妹宁宁前往游乐园向星川高领说明情况。星川高领听完宁宁的解释并没有生气，而是长舒了一口气说："太好了，我还以为她出了什么事故，很担心她。知道她平安无事，我就可以在这儿安心地等她了。"

当宁宁透露出姐姐今天可能没有办法过来了的消息时，星川高领还是毅然说道："我再等等看，你不必内疚，是我自己决定要在这里等她的。"这一等就等到了晚上，润子忙完所有工作的时候天已经黑了，上司清宫顺势请她吃晚餐。

本来就暗恋清宫的润子欣然答应，吃过晚餐之后清宫便把润子带到了自己家，并邀请润子和她一起前往纽约。结果润子在清宫的家里发现了清宫和另外一个女人的合照，顿时伤心不已。

从清宫家里走出来之后，万分失意的她在街头游荡，走着走着就想到了白天和星川高领约会的计划。于是朝着游乐场走去，此时已经是深夜，游乐场早已经关门。本来以为星川高领已经回去的她却在旋转木马前看到了仍旧等候着她的星川高领。

当她问出："你为什么还在？"星川高领给出了教科书般的高分标准答案，他说："对不起，好不容易你来赴我的约，我却没有能带你去的地方了。"他没有埋怨润子迟到了十多个小时，润子问他为什么要等下去的时候，他说："因为我想等你，我终于还是等到你了，和你去哪里玩儿呢，总是想着这个我就很高兴。你什么时候来呢？等你的时间也是快乐的，这样对我来说已经是最大的幸福了，我喜欢你，你的一切我全都喜欢。"

这时候星川高领的深情告白抚慰了情场失意的润子，润子深受感动，本来她对星川高领的追求唯恐避之不及，此刻却逐渐对星川高领悄悄卸下了心防。这次看似遗憾的约会却成了两人关系的转折点，润子的迟到和星川高领的执着也成了两个人最终走到一起的关键。

在生活中，我们很多时候都需要等待，当男生约女生出去玩儿的时候，等待就更是难以避免的了。因为很多女生非常在乎自己的形象，即便家里乱得一塌糊涂，和别人一块儿出去玩儿的时候却一定要美成天仙。

还有网友把出门见人按不同的条件分成了好几个等级：第一个等级是不洗头就可以出去的，这种一般都是去楼下丢个垃圾、取个快递，去附近的超市买些生活用品或午餐晚餐等，反正戴上口罩，谁也看不出来。

第二个等级是只洗个刘海就可以出去见面的，这种一般都是去见自己的死党或者家人，在他们面前自然不用做什么伪装，不是必须洗头之后才能出门的。

第三个等级是需要画个淡妆才出门的，这种一般都是和自己不算特别熟悉的朋友见面，或者是和朋友出去游玩、看电影、聚餐、逛街等。因为有时候需要拍照，所以她们一般都会穿上漂亮的衣服，画个清新的妆容再出门。

第四个等级则要上全套设备了，不仅要穿上最美丽的衣服还要搭配相应的鞋子，用适合自己肤色的眉笔画眉，涂上腮红、眼影、口红，甚至要戴上美瞳，这种一般都是去见自己喜欢的人、恋人或者是没有追到手的男神，因为她们希望自己能把最好的一面展现给对方。

当然，如果我们想要看到女性最完美的一面，等待自然是必不可少的过程。等待是一个非常漫长而又痛苦的过程，在这个过程中，我们的心中总免不了产生焦躁不安的情绪。这些情绪也会通过我们等待时的某些动作表现出来，我们可以通过人们在等待的过程中呈现出的不同状态来分析他们的性格特征。

1. 等待的时候搓着手走来走去

约会的时候，如果等待的一方不停地搓着自己的双手并不断地来回走动，那么就说明这个人的内心非常焦急。此刻他的脑海里一定充满了很多的猜想："难道堵车了？""不会出什么事了吧？""应该快到了吧？""我是不是得再打个电话过去问问？"

他们难以控制自己的想法，因为他们对所等待的人非常在乎，生怕对方出现任何闪失。这种类型的人大部分是典型的急性子，性格有些鲁莽，不喜欢慢吞吞地做事。他们有着超强的行动力，总是能够在第一时间把自己的想法付诸实践，但由于事前没有周全的计划，往往事情做到一半就会出现这样那样的问题，他们有时也会因为耐心不足而难以坚持到最后。

萧恒约了女朋友夏岚一起去参加漫展，两个人都喜欢cosplay，这次漫展来了很多知名的coser，其中有一个coser还是萧恒和夏岚都非常喜欢的。夏岚很想和这个coser合照，并得到其签名。

由于担心堵车，萧恒一大早就来到夏岚的宿舍楼下等候，可让萧恒百思不得其解的是，明明半个小时之前夏岚就已经起床在楼上和他打过招呼了，可这么长时间过去了，夏岚还是没有下来。

这女生宿舍也就几层楼高，夏岚在三楼住，半个小时怎么也够让她走下来了吧？现在还没下来，难不成夏岚下楼梯的时候太着急崴脚了？萧恒焦急得来回搓着双手走来走去，后来直接走到宿舍楼下，试探性地又叫了一声。

结果居然听到夏岚的声音还在三楼，萧恒不由得有些生气地问道："你干什么呢？这么久还不下来！再不下来我可不管你了啊！"说是这么说，该等的还是得等，又等了大约半个小时，夏岚终于下来了。

原来夏岚在宿舍里做了精心打扮，萧恒不由得有些气闷，抱怨道："你见我的时候都没这么隆重过，怎么参加个漫展就这么大张旗鼓。我是你男朋友，难道还比不上一个coser吗？"夏岚笑道："那当然了，今天可是要见我的偶像呢，好不容易才见一次真人，我天天看你都看烦了，你今天一定要多帮我拍几张合照啊！"

萧恒虽然有些吃醋但想到自己才是和女朋友朝夕相处的人便释然了，两个人欢欢喜喜地向举办漫展的地方走去。

2. 等待的时候立在原地不动，但不停地看手上的表

有的人在等待的时候喜欢站在原地，不喜欢来来回回地走，但时不时抬起手腕看下表，或者掏出手机看时间。这种类型的人大多性格稳重，修养良好，他们注重自己的形象，与他人约定见面的时候总是非常守时，不会让他人等待。而且他们非常注重信用，常常言出必行。答应别人的事情会尽心尽力做到最好，是个可靠的朋友和值得信赖的商业伙伴。

3. 等待的时候双臂交叉于胸前，一脸不耐烦的样子

有的人在等待的时候会把双臂交叉于胸前，摆出一副十分不耐烦的样子，这种类型的人看似难以相处，实则心地善良、心思细腻、性情率真。他们常常是刀子嘴豆腐心，有时候可能一边嘴上责怪我们，一边贴心地给因为赶路而满头大汗的我们手里塞上一包纸巾，或一瓶我们喜欢喝的饮料。

性格上有些孩子气的骄纵和任性，偶尔会使小性子，但他们适度的撒娇不但不会令人厌烦，反而令他们显得更为率真可爱。

4. 等待的时候目光投向远处或附近，双手插入口袋中

有的人在等待的时候也非常安静，站着不动，双手插在兜里，只是用无声的目光向远处探寻对方的身影。这种类型的人大多性格沉静、温和、内向，有着良好的家教。但对其他人的依赖心理很强，不太擅长表达自己的看法，有的时候甚至不希望众人的目光集中在自己身上。

5. 等待的时候玩手机，并不时抬头看看四周的情况

随着手机的普及，很多人无论在什么时候都想拿出手机看一下，在等待这种百无聊赖的时刻玩手机更是很多人的不二选择。这种类型的人往往心思细腻，性格爽朗，待人接物宽容大方，但缺乏耐心，他们看似在平静地玩手机，其实内心早已焦躁得像热锅上的蚂蚁，恨不得对方下

一秒就出现在他们面前。玩手机只是为了掩饰自己的焦躁和独处的尴尬，要不然他们也不会在玩手机的时候不停地抬头四处看看。

第三节　留意她搭车时的动作

张文斌最近认识了一个女孩，这个女孩名叫李欣，和他是校友，比他高一届，两个人也不在同一个系。开学报到的那天，他曾经向李欣问过路，李欣耐心地为他指明了去男生宿舍的路线。

看着漂亮热情的学姐顶着酷暑给自己指路，张文斌非常感动，当即决定要把李欣追到手。但由于开学那几天问路的人太多了，张文斌刚一问完路线还没来得及和李欣要联系方式，他就被人流给挤到了一边。

后来两个人再次在校园里遇见的时候，李欣已经不记得张文斌了，看到张文斌和自己打招呼也只是礼貌性地点头微笑，两个人并没有交谈。张文斌向同乡的学长询问了一下，知道了李欣目前还没有男朋友，并了解到李欣喜欢自己动手 DIY，并加入了学校的手工社团。

于是为了接近李欣，张文斌毫不犹豫地报了手工社团。张文斌满怀期待地去了手工社团，社团里开迎新会的时候他才知道报这个社团的只有自己一个男生。不过他倒无所谓，反正他的兴趣和目的又不是做手工。而且他觉得万花丛中一点绿反而更特殊，更容易让李欣看到他的存在。

以新手求教的名义张文斌很快和担任副社长的李欣成了朋友，李欣以为他特别喜欢手工，非常耐心地教他。两个人的关系日渐密切，张文斌对李欣的了解也越来越深。他知道李欣性格内向温和，在沟通能力上有所欠缺，之前开学时做志愿者和现在担任手工社团的副社长都是刻意想要锻炼自己的沟通能力。

张文斌越来越喜欢这个温婉可人的女孩儿，但他始终摸不清李欣的态度,也犹豫着不敢开口告白。他害怕一旦告白被拒,两个人连朋友都做不了。

有一天，社团内做手工所需的材料需要补充，社长把这个任务交给了李欣，张文斌自告奋勇要帮李欣拎东西。采购点距离学校比较远，即便乘坐公交车也需要很久，所以张文斌干脆从同学那借来了一辆自行车载着李欣。

李欣在自行车后座上坐稳后，张文斌脚一蹬就出发了。能和心仪的女孩儿独处，张文斌非常开心，骑车的时候一边绕过坑坑洼洼的地面，寻找平坦的路走，一边还不忘记和李欣开玩笑。

走着走着张文斌感觉到自己的腰间一阵温热，低头一看原来是李欣把双手轻轻地放在了他的腰间。张文斌的脸不知不觉红了，但他以为李欣是担心路途颠簸才会把手搭在自己腰间，便说道："你放心，我骑自行车骑了十几年了，车技特别稳，一定不会让你摔下去的。"话音一落，张文斌就感觉到腰间的温度消失了，他顿时在心里埋怨起自己，刚才为什么要乱说话。

回去之后张文斌赶忙向宿舍里的室友们请教，并把当时的情况复述了一遍，老大马瑞航听完笑着说："这种话你都说得出口，你让人家女孩子怎么想呢？很明显人家对你有那么一点儿意思啊，你不趁热打铁告白，还炫耀自己的车龄，真是活该你单身！"

俗话说："男人来自火星，女人来自金星。"两个从性别、观念、生活环境等方面都有隔阂的人进行沟通，是一件非常考验沟通能力和情商、智商的事。男女之间的沟通，有时候仅仅用单薄的语言是不够的，我们如果想真正去了解对方的心理还需要通过观察和分析对方的肢体动作。

像搭乘自行车或摩托车这样男女独处的时机可谓非常难得，这个时候女性所做出的动作往往最能够体现她们的真实内心。一般来说女性搭乘自行车或摩托车的时候常有以下几种动作：

1. 搭乘自行车或摩托车的时候，把手放在后车座上

有的女性搭乘自行车或摩托车的时候习惯把手放在后车座上，这种类型的女性通常非常独立自主，凡事喜欢自己拿主意，不喜欢依赖他人，更不喜欢受到他人的约束。思考问题的时候头脑冷静，思路明晰，有着精准的判断力，很少被感情左右。无论面对任何困难她们都保持着一种冷静的心态，能够从容不迫地想出问题的解决方案。

这种类型的人无论是在职场上还是生活中往往都是众人瞩目的焦点，是人们眼中的女强人。她们看似过于强硬，似乎没有柔情似水的一面，实则不然，她们无论是面对工作还是面对感情的态度都非常认真，可以说是全心全意投入进去的。所以无论和她们成为朋友、恋人，还是共事者都是非常不错的。

2. 搭乘自行车或摩托车的时候，把手轻轻放在前面那个人的腰间

有的女性搭乘自行车或摩托车的时候习惯把手放在前面那个人的腰间，这种类型的女性通常看上去独立自主，实际上内心敏感脆弱，常常觉得孤独，因此对他人的依赖性极强，希望能够出现一个值得她们依靠的人，但事实往往很难令她们满意，所以很多时候她们只能依靠自己。当女性将双手轻轻放在男士腰间的时候，也说明了她们内心虽然有依赖这名男士的想法，但对这名男士还不够信赖，所以不能够放心地紧紧拥抱对方。

3. 搭乘自行车或摩托车的时候，把手放在自己膝盖上或干脆不扶

有的女性搭乘自行车或摩托车的时候习惯把手放在自己的膝盖上或干脆什么也不扶，一般这种类型的女性独立自主的意识非常强，做事情很有自己的主张，也有能力，是公认的精明能干。生活中她们常常独来独往，和其他人成为泛泛之交尚且可以忍受，但不喜欢和他人交往过密，加上个性急躁，所以即便人们希望和她们成为朋友也往往很难和她们交心。

就算是在谈恋爱的时候她们也很少依赖恋人，同时不希望恋人过分依赖自己，更不希望在别人眼里自己是需要依附恋人才能够生活的。所以她们恋爱的时候，对恋人的态度总是若即若离的。无论遇到什么困难她们都更愿意独自解决，她们讨厌大男子主义者，更无法忍受他人把女性看作男性附属物的观点。

当然，如果她们的恋人足够成熟和了解她们，那么自然会欣赏她们的做事风格，并找到和她们和谐相处的方法。但如果她们的恋人不够成熟，恐怕很难放心和她们交往，因为她们若即若离的态度让人很难产生安全感。

第四节　男性帮女性系安全带

丁悦是一名小白领，刚进公司的时候她就是一个初入社会的大学生，白得像一张纸，什么也不懂。在公司里她非常勤奋，早上准时上班，把公司的卫生打扫得干干净净，热情地和同事们问好，有什么不懂的地方也会非常有礼貌地请教前辈。

对待公司的同事她也能够做到一视同仁，即便是遇到公司门口的保安大哥，她也会热情地打招呼。在公司历练了整整一年，当初的菜鸟终于能够独当一面了。爽朗的性格、和善的态度和出众的能力让她很受同事的欢迎。

现在的丁悦不仅在穿衣打扮上比以前有气质了不少，做事风格也变得更加干净利落，也更加受到众人的瞩目。当同事们知道丁悦还没有男朋友的时候，一个个都非常热心地给她做起了媒人。而且不光本部门的年轻的单身男同事喜欢找她说话，就连其他部门的单身男同事也有事没事找她闲聊，明里暗里都有追她的意思。

但丁悦婉拒了其他人的追求，因为她对公司的杨磊很有好感。刚进公司的时候，她加班到深夜也没有做完手中的文件，眼看手里的文件客户第二天就要用，丁悦急得直哭。这时候同样加班到深夜的杨磊听到声音上前询问，知道了原委之后杨磊笨拙地安慰道："你别哭了，我不会哄人，让人看到了还以为我欺负你了呢。刚好我的工作做完了，这文件我之前也做过，我来帮你吧。这样速度快一点儿，不会耽误事儿。"

于是两个人加班到凌晨三点终于把工作全部完成。丁悦眼看上班时间要到了，也就不想来回折腾，打算在办公室凑合着睡一会儿。杨磊说自己有事要回家，就把外套留给丁悦离开了。

后来丁悦才知道杨磊并没有回家，为了避嫌，他在公司附近的 24 小时便利店坐了 4 个小时，等到同事们陆陆续续到来，他才回到公司。有了一晚上并肩奋斗的经历，丁悦和杨磊的关系密切了很多，在平时的工作里，杨磊也尽可能为丁悦提供力所能及的帮助。

只是杨磊这个人平时做得多说得少，不怎么与同事闲聊，大家一起八卦摸鱼的时候，他只是在一旁静静地听着，一言不发。丁悦摸不准杨磊是不是喜欢自己，如果不喜欢，为什么肯无私地提供帮助？如果喜欢的话，为什么不表现出来呢？难道是在等自己开口表白吗？丁悦为此非常惆怅。

恰好公司近期和另外一家公司有合作，要安排两个人去这家公司交接一些文件，丁悦和杨磊正好被分派了这个任务。这天，丁悦拿着文件跟着杨磊走到了地下车库，坐上副驾驶后，丁悦听到杨磊小声说了一句话，至于内容她却没有听清楚，不过她也没在意，就没接话。

谁知道杨磊主动侧过身凑过来一丝不苟地帮丁悦系上了安全带，然后露出了一个憨厚的笑，说："和你说系安全带你不听，你系上安全带我比较放心。"丁悦被他的动作弄得双颊通红，想到曾经在书上看到过"如果男性帮女性系安全带，那么就代表着这名男性对这名女性有一定的好感"。

想到这些丁悦忍不住问道："杨磊，你是不是喜欢我？"杨磊听完她直白的问话先是一怔，然后迅速红了脸，结结巴巴地解释道："你……你怎么知道？我和谁也……也没说过。我没……没想让你知道的，你别觉得我烦，我真不是故意的，没……没忍住就喜欢了。"明明是非常笨拙的告白，丁悦却非常感动，说："没关系，反正我也喜欢你。"

前一阵有些网友在网络上发起了一则讨论，讨论的问题是：你认为男性的哪个瞬间最性感。很多女性网友参与了讨论。有的网友认为男性在脱掉上衣，露出腹肌的时候最性感，有的网友认为男性在认真工作的时候最性感，也有网友说："男性在乘车的时候侧过身来帮女性系安全带的那一瞬间最为性感"，还有网友凑热闹道："长得帅的男人就算是踢毽子也是性感的；长得不帅的男人，打高尔夫也像是在铲屎，性不性感这事啊，关键看脸。"

为什么男性在乘车的时候侧过身来帮女性系安全带的动作会让女性觉得性感呢？我们可以从很多爱情偶像剧或是玛丽苏言情小说中发现一些端倪。每次男女主角坐到车上的时候，男主都会做出一个非常经典的动作，就是从主驾驶位起身朝着副驾驶的方向侧过身去贴近女主。这时候女主会误以为男主要吻她而紧紧闭上双眼，然而当女主察觉到意料之中的吻没有到来而睁开眼的时候，会对上男主似笑非笑的邪魅双眸。这时候男主会说一句："怎么，你以为我要吻你啊，帮你系安全带罢了……"

然后给羞容满面的女主系好安全带，再附赠一个缠绵的热吻。在众多玛丽苏言情小说里，这个梗几乎会在每个有坐车情节的小说中出现。

随着时代的发展和人民生活水平的提高，汽车这种代步工具几乎随处可见，在交通法规中也明确规定了要系上安全带。因为不系安全带在发生严重车祸的时候死亡率非常高，一旦没有系安全带上路被交警发现的话也会进行相应的处罚。

那么男性驾驶员主动帮女性系安全带除了担心被交警处罚之外，还有什么原因呢？我们都知道给副驾驶的女性乘客系安全带是一个非常亲昵和暧昧的动作，当男性主动帮女性系安全带的时候，代表了这名男性非常细心，做事情一丝不苟，对于生活中的很多细节都能够照顾到，性格上还有些循规蹈矩。

但他做出这样的动作无疑在表达他对你很有好感，非常在意你、喜欢你，把你的安全放在第一位。当一个女性坦然地接受了男性主动为自己系安全带的行为，则说明她对这名男性非常信任，两个人建立密切人际关系的可能性非常高。

第五节　读懂女孩唇齿间的微动作

赵东阳是个大大咧咧的男生，凭着一张帅气的脸赢得了许多女生的青睐。可是不知道为什么，这些女生和他熟悉之后却没了想要与他谈恋爱的兴趣，即便有女孩子接受了他的告白，也总是相处不到两三个月就分手了。

赵东阳不是看不开的人，不会对别人纠缠不清，所以每次都好聚好散，分手了也能够继续做朋友，一起出来聚餐、游玩等。赵东阳本来以为是这些女孩子不能够慧眼识珠看到自己的好，但是一两个女孩子与他处不长也就罢了，身边的好几个女孩子都婉拒了自己的告白。这让他对自己之前的判断产生了质疑，但又不好意思问那些女孩子为什么要和自己分手，但他更不想一个人闷着，于是便找来自己的铁哥们儿孙浩宇诉苦。

听完赵东阳的话，孙浩宇问道："你和你的前女友们吵过架吗？"赵东阳皱着眉头想了想说："好像没有，我和我的前女友们谈恋爱的时候挺和睦的，她们脾气很好，很少生气，平时连拌嘴都很少，更不用说吵架了。上次美美过生日，我还问她要什么礼物，她说没什么想要的，我后来一忙也给忘记了。我说要给她补一个，当时她还冲我笑，说不愿意让我破费，一点儿都没有和我计较的意思。可是不知道为什么她没两天就和我分手了，问她为什么分手也不说，我上上任前女友也是这样，平时我说什么她都说'对对对，你说的都是对的，你没错'，我们的关系明明挺和睦的，可也没处多长时间就分了，也没有什么理由。"

孙浩宇听完之后问道："你前女友们和你说话的时候是不是双手交叉在胸前，嘟着嘴巴的？"赵东阳惊奇地说："你怎么知道，还真就是这样，说完话都是嘟着嘴的，也看不出来什么情绪。"

孙浩宇听了笑得前仰后合："还看不出来什么情绪，别说你的女朋友要和你分手了，你这种性格的人能找到女朋友都让人奇怪，女孩子说话你怎么能只听字面上的意思呢？就像你说的，过生日不给女朋友买生日礼物，你以为她真的不生气吗？她是没什么想要的，可是你不能不买。人家附和你，说你说的都是对的，那是希望你赶紧闭嘴，不然她可能会压抑不住揍你的冲动。这与那些女孩子的眼光没什么关系，就是因为你情商太低了，好赖话都听不出来，她们觉得和你在一块儿没劲！人家都嘟着嘴、双手交叉在胸前摆出不高兴的姿态了，你还听不懂人家什么意思？真是笨到家了。你要想听懂女孩子说的话，不光要探究她们话里的意思，还得看看她们做出了哪些小动作。她们的小动作和心理活动有着密切关联，你要能看懂、分析透，保准女生的心思一猜就准。到时候，只要你满足了她们的要求，那你十有八九不会再被甩了。"赵东阳听完似懂非懂地点了点头。

我们都知道，男女之间的性格存在着某些差异。男性性格偏豪爽，女性性格中则有婉约的成分。出于种种原因，有时候女性说话相对男性来说会不那么直白，也就是指说话的时候会拐着弯表达自己真正的意思。

但是有些性格鲁莽且粗心大意的人往往会曲解她们的真实意图，在某些情况下一些男性朋友明明是本着不想让对方生气的心理附和着她们的意思去回答，却总是让她们更加怒火中烧。

比如，当女性说“我没生气啊，我生你气干什么？我有什么好生气的”时，其实她们非常生气，只是她们的修养让她们维持了表面上的平静。如果这时候男性傻乎乎地附和一句：“你没生气就好，又不是什么大不了的事，确实没什么好生气的。”那么无疑就像是用火柴点燃了炸弹的引线，迎接他们的必然是雷霆之怒。

又或者女性谦虚地说“其实我也算不上漂亮，我长得很一般啦”时，其实是希望对方称赞自己美丽，但如果男性在这时点点头说上一句：“别这么谦虚，其实你对自己认识还是很清晰的。”那么无疑这名男性会被女性拉进来往黑名单里，被归类到少见一面能年轻 10 岁的人群中去。那么我们该如何避免这种情况的出现呢？观察对方的身体语言能够很好地帮助我们了解对方内心真实的想法。

美国的身体语言大师乔·纳瓦罗曾经仔细地分析过人类的微动作，他在观察研究时发现，即便是人们嘴巴上的微小动作也能够表达出不同的含义。

1. 笑容也有真假之分

都说笑容是人类在这个世界上最美的语言，然而这种语言也有真假之分。有的人笑的时候非常恣意，当我们听到他的笑声的时候也会忍不住弯起嘴角，这是因为人与人之间的感情是有共鸣作用的，我们的情绪受到了他人真诚、爽朗的笑声的感染；有的人的微笑则看起来非常勉强，好像别人拿刀逼迫着他笑一样，这样的笑容让人很难与之产生共鸣；还有的人笑起来则让人由衷感到别扭，虽然面带笑容，但他们看上去就像是带了一张完美的面具，看久了甚至让人有种不寒而栗的感觉。

同样是笑，不同情况下的笑容带给人的感觉是不一样的，当我们看到孩子得到自己心仪已久的玩具而露出的天真而惊喜的笑容时，我们会感觉身心都得到了抚慰。当我们的朋友遭受重大打击为了不让别人为他担心而强颜欢笑时，我们会心疼他。当我们成功升职加薪的时候，一向心胸狭窄的同事露出一个不阴不阳的笑容时，我们觉得扫兴之余还会浑身不自在。

如果我们仔细观察就可以发现，人们真正感到开心时展露出来的笑颜是淳朴的、自然的，这个时候他们的嘴角是朝上的，向着眼睛的方向上扬，而此时眼睛也会因为面部肌肉的挤压而微微眯起。当人们脸上是职业性或者礼貌性的微笑时，双唇是朝着耳朵的方向平拉的，此时他们的内心并不一定真正感到快乐。

但我们和他人沟通交流时，我们可以通过观察对方的笑容来判断对方是否对当前所讨论的问题感兴趣。如果对方发出的笑容是真诚、自然、不做作的，那么说明他对当前的话题兴趣极高，我们完全可以和他继续聊下去。但如果对方的笑容看上去并不是那么真诚，甚至有些皮不笑肉笑的感觉，那么最明智的做法无疑是暂时搁置当前的话题，找一个对方比较感兴趣的话题，以便对话能够维持下去。

2. 抿嘴唇表示精神紧张、压力大、内心忧虑

人在紧张的时候会做一个非常常见的动作，那就是紧紧抿起双唇，这是人类本能的一种行为。在我们感觉到压力大和非常忧虑的时候，我们也会不自觉地紧抿双唇，下意识地认为这样似乎可以有效地缓解我们内心的紧张和精神上的重压，避免外界的侵扰，也避免什么不该说的话被我们说出来。

当一个人紧闭着双唇，嘴角下拉的时候，说明这个人的情绪非常低落，可能已经被打击得丧失了信心和勇气，需要一个地方让他们暂时忘却烦恼，静下心来休整一下挫败的心情。

3. 噘着嘴说明不高兴或不认同对方的做法、观点

在民间有一句俗语："看你这嘴噘的，都能挂油瓶了。"噘嘴，表示生气、不满的意思。当我们和一个人聊天的时候，如果看到对方噘着嘴或者嘟起了嘴，那么就说明他并不认同我们的观点。他做出嘟嘴、噘嘴、嘴唇收拢这样的动作只是为了自我控制，防止自己冲动之下出口反驳，和我们产生言语上的争执。此时他们的内心肯定在祈祷着快别说这个话题了，赶快说点儿让我感兴趣的吧！

4. 吐舌尖表示心存侥幸

我们在很多电视剧中可以看到，当可爱的男生或女生做一些无伤大雅的坏事被抓包的时候，会下意识地吐舌尖，这时候他们是存有侥幸心理的，这个下意识的动作往往俏皮可爱得让人不忍责罚。

5. 舔嘴唇的动作有自我安慰、撒娇和挑逗等多种含义

当人们感觉到自身压力过大或者受到众人瞩目，觉得非常不自在的时候，会有口干舌燥、乏力之感。这时候人们会下意识地舔嘴唇进行自我安慰，以便缓解紧绷的精神。当舔嘴唇这种行为发生在恋人或是夫妻之间的时候则有撒娇或挑逗的意味，这种行为背后传达的是他们对亲密举动的渴望。

第六节　读懂男人害羞时的微动作

任小雨喜欢上了同班的一个男生，这个男生名叫张辰轩，是个文静的带着些书卷气息的男孩子，但是她不知道张辰轩是否喜欢自己。按理

说自己长得虽然称不上多么漂亮，但也不是歪瓜裂枣不能看，而且她觉得自己性格还挺好的，同学们都说她乐观开朗，性格率真，不拘小节。

爱交朋友的任小雨和班上的同学关系都不错，无论男生女生都跟她聊得来。可是偏偏到了张辰轩这里，她碰了冷钉子，不知道是张辰轩本来就性格内向还是不喜欢自己的缘故，每次任小雨与张辰轩说话的时候，张辰轩都不正脸看她，两个人即便上课的时候坐到一起也说不上几句话。

但奇怪的是，张辰轩和她的两个闺密的关系都还不错，唯独对自己是个例外。任小雨为此很是苦恼。她将她的心事讲给了两个闺密李怡和孙倩听。

直白爽朗的李怡建议她直接告白，反正本来也说不上什么话，至少告白了还能够清楚地知道张辰轩的想法。但孙倩不这么认为，孙倩觉得如果张辰轩拒绝了任小雨，两个人还是同班同学，即便现在一天没多少课，但两个人见面的机会还很多，相处起来该有多尴尬呀。

任小雨也有这种顾虑，便连忙点头称是。李怡说："既然你们有这样的顾虑，那我直接问他对你感觉怎么样不就好了。"孙倩说道："张辰轩的性格内向你又不是不知道，你这样贸然去问他，万一把他给吓着了，弄巧成拙可怎么办？只怕到时候喜欢也变成不喜欢了。"

李怡看自己提出的非常合理的意见被她们两个接二连三地反驳，便说："那你们说怎么办？又不能直接问，又不能旁敲侧击，我也没主意了。"孙倩说："不如你自己观察，我看网上说像张辰轩这种性格的人，就算喜欢一个人也会藏着掖着，你和他一起上课的时候多注意一下，看他是不是和你说话的时候紧张、结巴、不敢和你对视。据说当一个内向型男生的身上出现这种状况的时候基本上就可以肯定他对你有好感了，反正我觉得他挺喜欢你的。要不然上次考试全班那么多人没去听老师画重点，怎么他就帮你把重点全画了？我们平时软磨硬泡地借他笔记他都不答应，但借给你的时候二话不说，而且最可疑的是他为什么都和我俩交朋友了却唯独不怎么跟你说话呢？一定是他喜欢你又不好意思开口。”

任小雨听从了孙倩的意见，再次上课的时候，在李怡和孙倩的安排下，她和张辰轩坐到了一起。课间老师给出了十分钟的休息时间，在大屏幕上放了电影给学生看。任小雨试着和张辰轩对话，但张辰轩双手握拳，双眼目视前方的幕布就是不肯转头。

这时任小雨问道：“张辰轩你是不是特别讨厌我？”张辰轩惊讶地转过头对上了她的眼睛又慌忙转移视线，低着头小声说：“我……我一点儿也不讨厌你啊，你怎么……怎么会这么想。”

任小雨又问：“那你怎么和我两个闺密聊天聊得那么顺畅，和我就什么都不说了？”张辰轩抬头看了她一眼似乎鼓起了勇气想要说什么，最后却叹了口气低下头说道：“你……你别多想，我一点儿也不……不讨厌你，我……”张辰轩话说了一半，无论后来任小雨怎么问他都不肯说了。

然后，任小雨带着满腔兴奋和孙倩她们分享了自己和张辰轩对话的过程。孙倩连连点头说：“和我预想的差不多，我之前的猜测果然是准确的。”李怡也拍板说道：“既然他对你也有好感，那干脆直接找个合适的时间把他拿下得了，张辰轩这样的人你等他开口，估计得等到大学毕业了。”

这次李怡的建议得到了孙倩的认可，任小雨也有了信心和底气，在又一次上课的时候，她给张辰轩递了告白的小纸条，然后看到张辰轩红着脸在纸条上写下了一个“好”字。

我们都觉得害羞和内向一般都是来形容女孩子的，其实不然，现在有很多的男性也非常内向和容易害羞，在喜欢的人面前甚至会出现不敢和对方说话、回避对方的眼神等状况，有时候我们无法从对方的态度中判断出他是否对我们有好感。这个时候，我们就需要仔细、耐心地观察，因为他们的真实情绪会在某个瞬间通过一些微动作和微表情泄露出来。

1. 他显得比平时更加紧张

如果一个内向型男性在和你交流的过程中，显得比平时要紧张，也更加注重自己的仪表，不时整理衣服、摆弄头发、坐立不安，那么说明他不希望自己以不体面的形象出现在你的面前。

2. 他左顾右盼就是不和你有眼神交流

如果一个内向型男性，在和你交流的过程中目光左顾右盼，却不敢转过头和你讲话，一直回避你的目光，只是趁你不注意的时候偷偷瞥你一眼，那么几乎可以确定他对你有好感这个事实了。因为人的眼睛最容易泄露内心的情绪和秘密，他担心你能够从他的眼神中看出端倪。

3. 他脸红、额头冒汗、紧张、语无伦次

如果一个内向型男性在和你交流的过程中，出现脸红、额头和手心冒汗、紧张得吞咽口水、说话时舌头打结、语无伦次，甚至干脆保持沉默的行为，那么这就表示他担心自己在你面前说错什么话，减少他的印象分，所以才会本着多说多错、少说少错的原则而很少和你交流，他不希望在你面前丢脸。

4. 他经常在你的身边出现，却不会太靠近你

如果一个内向型男性经常在你的身边出现，却不会太靠近你，几乎结交了你身边所有的朋友，唯独把你给落下了的时候，这可以坚定了他对你有好感这个事实。你大可不必为他的闪躲而担心，他并不是真的忘记了你的存在而是将你珍之重之地藏在了另外一个对他而言更重要的地方，这是很多内向型男性对心仪的人表达爱意的一种独有的方式。

第九章

不可不知的行为心理定律

第一节　超限效应

超限效应指代生活中由于“刺激过多、过强和作用时间过久而引起心理极不耐烦或反抗的一种心理现象”。超限效应的出现源自马克·吐温的一次亲身经历。

有一天，马克·吐温前去聆听一位著名牧师的演讲。刚听完牧师的开场白时，他在心中默默赞许讲得不错，并思量着演讲结束后要多捐一些钱给牧师。

10分钟过后，牧师仍然在兴头上，远远没有想要结束演讲的意思。这时，马克·吐温开始有些不耐烦，他想“等会儿仅将口袋中的零钱拿出来捐赠即可”。马克·吐温耐着性子，继续聆听牧师演讲，又过了10分钟后，他决定不捐款了。当牧师终于结束冗长的演讲开始募捐时，早已经愤怒不已的马克·吐温非但没有捐款，反而趁乱从牧师募捐的盘子中拿走了几元钱。

通过对马克·吐温聆听演讲过程中心理变化的分析，可以看到：牧师过于冗长的募捐演讲不仅没能够有效地激发和促进如马克·吐温这样的捐款者捐款的愿望，反而在无形中消磨了他们的耐心，最终导致募捐数额远远低于预期。

在现实生活中，人们也随处可以看到超限效应的存在。在家庭教育中，父母越是经常提出孩子的某个缺点，孩子越是对其充耳不闻、麻木不仁，甚至变本加厉。在学校教育中，教师越是向学生强调某些事情不能做，或者总是揪住学生的某次错误不放过，此类事情反而会愈加频繁地出现，挑战教师的心理极限。

在企业管理中，领导针对下属的批评或者建议如果重复次数过多或者太过频繁，下属不仅不会心生感激，反而很容易对领导产生反感；聆听演讲或者与人交谈时，如果对方铺垫太长或者谈话节奏紊乱、用时过多，就会让听众很难集中注意力，会像马克·吐温一样倍感厌烦和愤怒。此外，超限效应也同样广泛出现在广告（影视剧）宣传、新闻报道等方面。

肖萍虽然和陈芳同班，但两人平时很少有机会相互了解。所以当陈芳在操场上偶然遇到肖萍并快步迎上前，亲切地用手拉着她的手臂，微笑着说“太巧了，真没想到能在这里遇见你”时，肖萍的心融化了。

陈芳的这一系列动作和言语犹如春天的暖风吹进了肖萍的心中，她想：“陈芳真是一个随和、友善的人。”此后，两个人开始慢慢增加交往，关系也越来越亲密。但伴随着关系的亲密，肖萍对于陈芳却越来越产生怀疑和厌恶，她开始想要远离这个实际上“虚伪、善于钻营关系”的同学。

原来，肖萍发现当初陈芳针对自己的一系列暖心动作和言语，其实是她面对他人时的一种习惯。无论对方是谁，无论亲疏远近，无论她心情高涨还是低落，只要看到他人走过来，她就会自然而然地做出拉手、拍肩、拥抱、微笑等肢体行为及表情。陈芳这种在社交中过多重复、过度表现的“亲切”让肖萍感到厌烦。

由此可见，人们在日常生活和工作中，无论肢体行为还是言语表达都一定要有明确的目的，采用正确的方式方法，注意“度”的把握，学会换位思考，尽量做到“言之有物、言由心发、言必有中”。避免过度重复某些行为和言语，形成适得其反的“超限效应”。

第二节　德西效应

1971 年，心理学家爱德华·德西随机抽选一些大学生作为自己的实验对象，并且邀请他们前往自己的实验室，单独解答一些有趣的智力难题。德西将此次实验分为三个阶段：

第一阶段，被试在解答难题的过程中均不设置任何奖励条件；

第二阶段，参与实验的学生被分为有奖励组和无奖励组。其中，有奖励组的大学生每回答正确一道题目，可以得到 1 美元的奖励；

第三阶段，利用原地自由休息时间观察被试是否仍旧愿意继续答题，并将此作为他们是否真正喜欢解答这些智力难题的重要判断依据。

通过对被试三个不同阶段的反应进行对比研究后，德西发现：第二阶段中属于奖励组的被试在第三阶段的自由时间里，继续参与解题的人数相对较少。与其相反的是，第二阶段中没有奖励的被试在第三阶段时，却有更多的人选择继续解题。

也就是说，在实验第二阶段接受奖励的被试们，尽管在实验的第二阶段表现得非常用功和卖力，但同时他们对于解题的兴趣也伴随着第三阶段奖励的消失而迅速衰减。而自始至终没有得到奖励的被试面对智力难题的兴趣与努力程度却在逐步增加，很少受到外部因素的干扰。

人们把这种规律称为“德西效应”。实验结果表明：当个体进行某项感觉愉快的活动时，对其提供奖励不仅不会起到一定的激励作用，反而会减少这项活动对其的内在吸引力。在某些情况下，“外在报酬和内在报酬兼而有之，非但不会帮助人们增强工作动机，反而会在很大程度上削弱工作动机。此时，动机强度会变成两者之差”。这主要是因为：

第一，人类的动机分为内部动机和外部动机。如果人们凡事依靠自我的内在动机行事，就会充分发挥其主观能动性，变得更加积极、主动和乐于坚持，也更能体会到成功的满足感和成就感。但如果个体被外部动机所驱使，不仅会变得消极、被动和难以坚持，而且情绪和行为很容易受到来自外部因素的影响，最终“成为它的奴隶”。

第二，个体对外在报酬的需要太过强烈时，原有的外在报酬远远不能满足个体的需要。

第三，直接刺激的原有强度不足。

第四，刺激者与被刺激者之间的价值观念等存在偏差和冲突。

因此，人们需要认识到：生活中如果总是从外部动机着手来激励自身和他人，对个体所形成的刺激必定是肤浅和短暂的。只有想办法建立一套完整的自我内在评价体系，塑造“积极主动、持之以恒的兴趣和坚韧不拔的意志”，激发自身的内在动机系统，才能更加长久地坚持，也更能够找到其中的乐趣所在。此外，巧妙利用“德西效应”中人们对于外部动机和内部动机的不同需求和表现，也会取得意想不到的结果。

由于居住的房屋靠近草坪，最近一段时间，一位老人每天傍晚都会听到一群小孩子在房子前面玩耍嬉闹，叫声连天。尤其是在周末或者放假时，几乎整天都不得安宁。可是不管老人如何威胁、恐吓，小孩子仍然一如既往地前来嬉闹。

一番苦思冥想之后，老人在某个下午找到正在玩耍的孩子，并对他们说："我想通了，之前赶你们走是我不对。实际上，我应该感谢你们让这里变得热闹，让我不再孤单寂寞，这些钱虽然不多，但却是我对你们的一点儿谢意。"

语毕，老人从口袋中拿出几张人民币，分别给每个孩子 20 元钱，并邀请他们明天继续前来玩耍，孩子们感到非常开心。第二天，他们仍然像从前那样高兴地玩游戏和说笑。这时，老人走出来给他们每人 15 元钱，然后解释道："我年纪太大没有收入，今天只能少给你们一点儿，希望你们明天能够继续来玩儿。"

第三天，当孩子们结束玩闹准备回家时，老人如约走上前给他们每人 5 元钱。孩子们感到非常愤怒，他们大声抗议道："我本来都不想来的，我们每天这么辛苦地为你制造热闹，你却只给我们 5 元钱。为什么钱一天比一天少？我们再也不会来陪你玩儿了。"

老人正是巧妙地将"德西效应"进行反向利用，将孩子们"快乐玩耍"的内部动机转化成"为了金钱而玩儿"，并最终通过减少支付给孩子们的金钱，操纵和改变了孩子们的行为，成功找回自己平静的生活。

第三节 南风效应

陈铭是一名高中政治老师，同时还担任学校政教处主任一职。某天晚上，当他例行巡逻走至操场时，突然看到角落中一名学生正手拿砖头，准备砸向旁边同学的脑袋。见状，陈铭大声斥怒，然后将两名学生带至政教处办公室进行处理。

走到办公室后，陈铭发现手拿砖头的学生正是学校里有名的“问题学生”李唐。只见李唐轻车熟路地走至陈铭办公桌前，端正地站在那里，等待陈铭的严厉训斥。但让他没有想到的是，这次陈铭非但没有如他所猜测的那样呵斥自己，反而从口袋中拿出一袋饼干，对他说：“当你看到老师的时候，能够及时地停止自己的错误做法，这点表现得很好，以此作为奖励。”

随后，不顾李唐的诧异，陈铭继续从口袋中拿出一小块奶糖，对他说：“我知道，你并非无缘无故要砸那个男生。依照我之前对你们两人的了解，是不是因为他又欺负你们班级的女生？这让我感到你非常善良、正义和勇敢，所以我要用这块糖来奖励你。”

听着陈铭温柔缓慢的话语，手握饼干和奶糖的李唐抬头说：“您这样还不如像之前那样直接骂我或者踢我两脚。我错了，即使他做得再不对，我也不应该使用暴力手段去解决。”

陈铭听了，微笑着说：“你能够意识到自己的错误，这是我最敬佩你的地方。我再给你一块糖，然后咱们结束今晚这场谈话。”此后，李唐再也没有在班级和学校里捣乱，而是转变成了一个懂礼貌、知进退、努力上进的好学生。

陈铭面对李唐所采取的措施正是“南风效应”的典型表现。“南风效应”又被称为“南风法则”或者“温暖法则”，它起源于法国作家拉·封丹笔下的一则寓言故事。

南风和北风都认为自己最厉害。某天，一番激烈的争论后，南风提议道："不如我们比赛，看谁能够最先把路上行人的外套脱掉，谁赢了，对方就必须承认它最厉害。"北风欣然同意，随后立刻跑到街道上，鼓足力气猛烈地吹向正在行走中的路人。

但令人惊奇的是，北风越用力，行人们越是将衣服紧紧地包裹在身上。最终，筋疲力尽的北风也没能让任何一位行人脱下衣服。北风气喘吁吁地退场后，只见南风不慌不忙地走上街头，温柔地吹拂着街上的每一位行人。不多一会儿，感到暖意的行人们开始纷纷解开纽扣，脱掉了外套。

上述故事中，为了能够让行人脱掉外套，北风和南风分别采用了激烈和温和的手段，结果南风轻而易举取得了胜利。由此可见，"南风效应"告诉人们：

第一，温暖远远胜于严寒。俗话说"良言一句三冬暖，恶语伤人六月寒"，尤其在日常人际交往或者管理工作中，温和的行为举止和话语不仅能帮助人们更快达成目的，同时也会收获更好的效果。

第二，不管是工作学习还是为人处世，一定要讲究方式方法。北风为了达到让行人脱衣的目的而拼命朝着他们吹风，希望能用自己的力量将他们的衣服脱下来。但它忽略了自己代表着寒冷，行人只会因感到寒冷而将衣服裹得更紧。相反，南风则巧妙地充分利用自身温暖的力量，使得行人自觉脱下了外套。

第四节 霍桑效应

霍桑是美国西部电气公司在芝加哥的一间工厂的名字。霍桑实验是在霍桑工厂进行的一项实验，该实验前后共经历8年、4个阶段的研究。

霍桑效应属于霍桑实验的一部分，它由以哈佛大学心理学家乔治·埃尔顿·梅奥教授为首的研究小组，在20世纪20年代至30年代的霍桑实验过程中率先发现并提出。

实验初始，梅奥教授等研究人员为了探索工作条件、环境等外在因素与提高劳动生产率之间的关系，选择了电器车间的六名女工作为实验对象，并不断对她们施加灯光照明、升降工资、增加或减少休息时间等外在因素的影响，最终结果表明：不管这些外在因素如何变化，女工们的生产效率一直都未能得到有效提升。

随后，实验人员又邀请社会上一批小有名气的心理学家、管理学家等各行各业的专家们，前来工厂同女工们进行交流和沟通，耐心聆听女工对家庭、工厂等方面的抱怨和意见，女工平时刻意压抑的情绪得到尽情释放后，她们的工作效率得到了提高。这让实验组织者恍然意识到，个体不仅需要外在因素的刺激，同时更需要自身主观上的刺激，即强烈的内在动机。

对于实验中的女工而言，当她们通过与专家们的交流，使情绪得到发泄，并意识到自己是工厂中不同于他人的特殊存在，是被专家时刻关注的实验对象时，这种被注意的感觉会极大增强她们的自信，驱使她们更加主动、努力地完成工作，觉得这样才能不辜负专家们对自己的期待和自己的“特殊身份”。

但为了防止女儿骄傲自满，紧接着他又故作严厉地说："但是，老爸更希望你能够平静下来，审视自己的不足之处，认真总结和分析失分的原因。"听闻此话，女儿原本灿烂的笑容顿时变得黯淡无光，对着高祥敷衍地点头答应后，便悻悻离开。

不同于高祥对女儿的先褒后贬，石军不管是做生意还是在对儿子的教育上，都懂得充分利用"增减效应"来达到事半功倍的效果。石军经营一家小型百货超市，每当有顾客前来购买零散小食品时，他总会先少装一些，然后再慢慢添至顾客满意的程度。如此一来，顾客无形中会感到自己占了便宜，好像同样的价钱购买了更多的东西，自然也更愿意前来购物。

儿子洋洋学习成绩向来很好，但进入高三关键时期后，几次考试成绩都不太好。从班主任口中得知这一消息后，石军将洋洋叫到自己面前，劈头盖脸就是一顿大骂："我怎么感觉你最近那么傲慢和自以为是，你还真以为自己聪明过人，是天才少年，不用学习吗？"

洋洋霎时变得非常难堪和愤怒，但石军话锋一转又说："其实作为你的父亲，我一直都以你为傲。不仅因为你能取得很好的学习成绩，更因为你较之同龄人一向在学习上表现得更加自觉、自律。"洋洋一下子眼眶微红道："我不想离开现在的班级和同学去火箭班，那让我感到非常有压力。这几次考试我是故意没有考好的。谢谢您对我的欣赏和理解，我不会让您失望的。"

我们要想在实际生活中充分发挥增减效应，可以从以下几个方面着手做起：

第一，增加人际关系中的有效交往，注重交往的有效性，避免无效社交对自我身心的损耗。所谓交往的有效性，就是指能够给人们带来“交往效率和快感”的社会交往。

第二，真诚待人，保持一颗热情、正直和善良的心。我们在与他人相处并对其作出评价时，能够尽量做到客观公正和相互尊重。只有在此基础上，才能进一步探讨“增减效应”中的褒贬先后顺序对于人际关系的影响等技术问题。

第三，注意“度”的把握，学习并掌握语言的艺术。古语有云：“过犹不及。”这就要求人们在人际交往中，无论褒贬，都需要注意“度”的把握。不要忽视事实过分捧高他人，也不要选择性地过度贬低他人。此外，同样一句话以不同的方式说出来就会产生不同的结果，这就是人与人相处过程中语言的艺术。

第四，增减效应不仅能帮助人们对自身在人际交往中的心理状态有所认识和了解，而且为人们指明了如何能够在人际相处中事半功倍地获得他人喜爱的途径。但我们同样需要注意：在实际应用中，不可机械地对其悉数照搬，不可过于公式化地以此作为与人相处中亲疏远近的判断依据，而是应当依据人物、场景、事件等多种因素，客观理性地具体问题具体分析。

第六节　贴标签效应

杰克是一名优秀的演员，受到全国观众的热烈喜爱和追捧。这天，他应邀到监狱进行一场励志演讲。当他提及自己是如何走上演员的道路时，动情地说：“我要感谢我的母亲，当我每天晚上在屋子里对着影视剧中的人物模仿学习时，她都会走进来告诉我‘杰克，你很有天赋，妈妈相信你一定会如愿成为一个好演员’。

“哪怕后来，我为了磨炼演技和培养上台表演的勇气，在地铁上、公交车上以及广场等人员众多的地方进行模仿表演，她也没有感到丢脸和羞辱，而是用鼓励和满怀期待的眼神望着我说：‘杰克，我很欣赏你的勇敢和刻苦，你将来说不定会成为世界级的著名演员呢。’”

稍事停顿后，杰克再次开口说道：“妈妈对我的无限肯定、欣赏和包容，支撑着我度过了每一个想要放弃、自我怀疑的艰难时刻，并最终取得了今天的成绩。”杰克的深情讲述使得犯人们也都为之深深动容。突然，一名犯人站起来激动地说：“我小时候也和你一样热爱表演，想要成为演员，但父亲恶狠狠地对我说，你这副模样最多适合演一名抢劫犯，结果我就真的成了罪犯。”

上述故事中，虽然同样拥有做演员的梦想，但因为分别被母亲和父亲贴上了“聪明、有天赋、会成为世界级的著名演员”和“最多适合演抢劫犯”等截然不同的标签，结果杰克和犯人心中产生了不同的心理暗示，并促使他们不自觉间朝着“标签”所喻示的方向发展。

在日常生活中，人们很多时候也会像杰克和犯人的父母亲那样给他人贴标签，并且也会被他人给自己贴的标签所迷惑。也许有时对于贴标签的人而言，他们的心中别无他意，但这个标签会给被贴标签者带来无形的影响，促使他们接受这种暗示并照此进行相应的行为调整。

人际关系中的这种奇特现象被心理学家们归结为“贴标签效应”，即“暗示效应”。它是指“当一个人被一种词语名称贴上标签时，他就会做出自我印象管理，使自己的行为与所贴的标签内容相一致”。

“贴标签效应”之所以会对个体造成影响和暗示，主要是因为“标签具有定性导向的作用，无论是好是坏，它对个体的个性意识和自我认同都有强烈的影响作用”。

为了对“贴标签效应”的科学性作一步研究和证实，1973年，心理学家克劳特找到一些富翁作为实验对象，并要求他们为国家慈善事业作出属于自己的贡献。他将富翁们分为两组，其中一组使用贴标签的方式，依据富翁是否做出捐献而分别为他们贴上“慈善家”或者“冷漠的富翁”等标签，另外一组实验对象则没有使用贴标签法。

一段时间过后，当克劳特要求这些富翁们再次参与捐款活动时发现：那些第一次捐款后被贴上“慈善家”标签的人捐款数额最大，而第一次捐款活动中被贴上“冷漠的富翁”标签的人则比那些没有标签的人捐款数额还要少。

贴标签效应时刻影响着人们的印象管理及处理事情的态度、方法和观点。它既可以促使人们变得更加正面、积极、自信和向上，也可以让人变得绝望、无助和堕落。此外，心理学家研究发现：负面的标签也有可能促使被贴标签者产生“不服气”等反叛意识，进而朝着与所贴标签内容相反的方向发展，取得意料之外的结果。

但是，现实生活中人们如果想要借助于负面标签产生正面效应，即所谓的“激将法”，需要把握以下两个前提条件：第一，确保被贴标签者拥有较强的独立性和心理承受能力。第二，确保被贴标签者拥有独立自主的思想意识，并对自我性格、能力等各方面较为了解和自信，能够理解所贴标签是否客观、公正。

最后，贴标签效应对人们在人际交往中的警示意义在于：不可轻易、主观、武断地对他人作出判定；不要乱给他人、自己贴标签；不要过分在意他人对自己的判断和过度相信并沉迷于他人给自己贴的标签中，无法自拔。

第七节　登门槛效应

“登门槛效应”由美国心理学家弗里德曼和弗雷德在1966年所做的“无压力的屈从——登门槛技术”的现场实验中提出。实验中，研究人员随机访问了一些家庭，并同家庭主妇协商是否允许将一个小招牌悬挂在自家窗户上。不出意料，几乎所有家庭都表示同意。

几个月过后，研究人员再次来到这些家庭，并进一步提出能否在她们的庭院中摆放一个更大且制作略显粗糙的招牌，结果半数以上的家庭也表示了默许。但与此同时，当研究人员前往另外一些从未造访过的家庭提出将这些大且难看的招牌放在庭院中时，只有大约20%的家庭主妇勉强同意了。

登门槛效应，又称“阶段效应”。它是指在日常生活中，人们一旦接受他人微小的要求后，接下来也更有可能会接受对方提出的更大要求。

换句话来讲，当我们请求他人帮助时，如果刚开始就直接表明自己的意图，则很容易被他人拒绝；但如果我们先向对方提出一个大目标之下的小目标，取得成功的概率将会大大增加。此时，我们可以再逐渐提高要求，直至提出最终目标，这样则更容易得到对方的认可和帮助。

一个风雨交加的夜晚，风尘仆仆赶路且一整天没有进食的旅人终于看到前方房屋中闪烁着的温暖灯光，他慌忙跑步上前敲门道："你好，能不能给我一点儿饭菜？"只听里面有人大声咒骂："我们自己都吃不饱，哪有什么饭菜给你吃。"

旅人继续向前，走到另外一户人家，敲门后有妇人走出来说："我们也没有多余的食物，不然你再到别家看看吧。"旅人慌忙拦住妇人将要关门的手说："我只是衣服被雨淋湿，想要在火炉上将衣服烤干就行。"妇人犹疑道："只是用火炉烘干衣服的话，家里也不缺那几根柴火，那你就进来吧。"

旅人进去将衣服烤干之后对妇人说："我可以借用你们家中的锅煮一点石头汤吗？"等到妇人半惊讶半怀疑地将锅拿出来后，旅人非常认真地将路边捡来、清洗干净的石头放入锅中煮了起来。随后，旅人又依次向妇人索要了盐、豌豆、青菜和碎肉末，成功地喝到了一碗美味的肉汤。

在故事中，旅人正是巧妙地利用"登门槛效应"和妇人的好奇心理，最终不仅烘干了湿透的衣服，而且解决了饥饿问题，可谓一举两得。心理学家认为，运用登门槛效应之所以更容易取得成功，主要是因为：人们为了避免认知上的不协调，即不希望打破自身乐善好施的良好形象，会继续为对方提供帮助。

总而言之，"登门槛效应"除了可以在日常人际交往中加以应用之外，在教育、推销等其他行业中也发挥着重要作用。比如，服装促销员看到进店的顾客后，如果一开始就不停地劝说顾客购买，通常会引起顾客的强烈反感。但如果能够耐心地跟随在顾客身后，当看到顾客眼神停留在某件衣服上面时间较长时，再故作随意地拿起衣服让顾客试试，表示“买不买不要紧，先试穿看合不合适”。当顾客将衣服穿在身上并露出满意的神情时，再走上前适当地夸赞并提供周到而不过分的服务。至此，当销售人员建议顾客购买这套服装时，顾客将会变得难以拒绝。

图书在版编目（CIP）数据

心理学与微行为／王小军，魏冰冰著．—北京：中国法制出版社，2020.5

ISBN 978－7－5216－1031－4

Ⅰ.①心…　Ⅱ.①王…②魏…　Ⅲ.①行为主义－心理学－通俗读物　Ⅳ.①B84－063

中国版本图书馆CIP数据核字（2020）第068681号

策划编辑/责任编辑：陈晓冉（chenxiaoran2003@126.com）　　封面设计：周黎明

心理学与微行为

XINLIXUE YU WEI XINGWEI

著者/王小军　魏冰冰

经销/新华书店

印刷/三河市国英印务有限公司

开本/710毫米×1000毫米　16开　　印张/12.5　字数/169千

版次/2020年5月第1版　　2020年5月第1次印刷

中国法制出版社出版

书号ISBN 978－7－5216－1031－4　　定价：39.80元

北京西单横二条2号

邮政编码100031　　传真：010－66031119

网址：http：//www.zgfzs.com　　**编辑部电话：010－66071900**

市场营销部电话：010－66033393　　**邮购部电话：010－66033288**

（如有印装质量问题，请与本社印务部联系调换。电话：010－66032926）